BIBLIOTHÈQUE

DES ÉCOLES ET DES FAMILLES

LES
BÊTES DE MON JARDIN

PAR

Mme GUSTAVE DEMOULIN

PARIS

LIBRAIRIE HACHETTE ET Cie

79, boulevard Saint-Germain, 79

LES BÊTES

DE MON JARDIN

BOURLOTON. — Imprimeries réunies, B.

BIBLIOTHÈQUE

DES ÉCOLES ET DES FAMILLES

LES BÊTES
DE MON JARDIN

PAR

Mme GUSTAVE DEMOULIN

DEUXIÈME ÉDITION

Ouvrage couronné par la Société Protectrice des Animaux

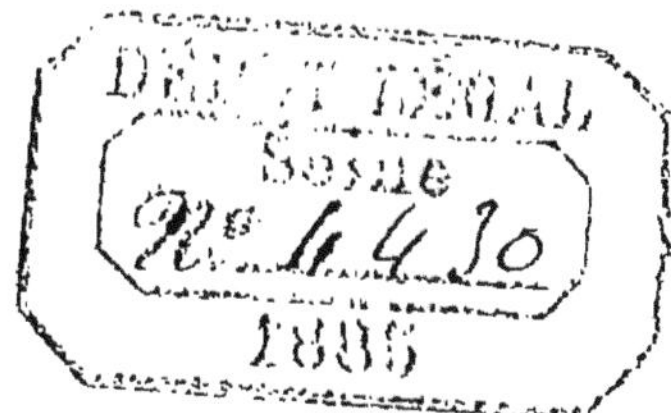

PARIS

LIBRAIRIE HACHETTE ET Cie

79, Boulevard Saint-Germain, 79

1885

LES BÊTES
DE MON JARDIN

MON JARDIN

Mon JARDIN est situé à l'extrémité d'un faubourg confinant aux champs, dont une haie le sépare.

Ce n'est pas un parc immense. On n'y voit ni les arbres de haute futaie où les écureuils sautent de branche en branche, ni les vastes clairières où les lapins viennent, le soir, faire un bout de toilette et gambader.

Il n'a ni pont rustique, ni grottes, ni eaux jaillissantes. La seule pièce d'eau qu'on y trouve est un large et profond vivier alimenté par des tuyaux de drainage et les gouttières de la maison.

C'est un jardin sans prétention et sans style, mesurant à peine deux hectares ; un jardin demi-bourgeois, demi-rural où l'agréable cherche à embellir l'utile. Il est plaisant à mon œil et facile à mes pieds. J'y marche en rêvant, sans faire de gymnastique et sans attraper de courbature, tant les vallonnements en sont doux et les montées peu sensibles. Mes amis peuvent y faire un tour en sortant de table, car il est de plain-pied avec la salle à manger.

Autour de la maison, de jolies pelouses vertes et des corbeilles de fleurs reposent et récréent la vue.

Une longue allée tournante, dont les massifs riverains ne sont point élagués, ou ravalés, comme vous voudrez, en muraille de verdure, conduit à un petit bois ombreux et paisible où les oiseaux nichent en sécurité.

Du côté opposé, dans un coin abrité par des murs palissés d'arbres fruitiers, est situé le potager, qui fait mon orgueil, l'admiration des visiteurs et les délices de ma table.

Quoique je sois d'humeur peu communica-
tive, je vais souvent faire visite aux habitants
qui peuplent mon domaine, regardant les uns
avec mes yeux, les autres avec une bonne
loupe; donnant la chasse à ceux-ci, faisant
accueil à ceux-là.

Des habitants! dites-vous; mais on n'y voit
personne.

Quelle erreur est la vôtre! MON JARDIN est
plus fréquenté que la rue de Rivoli ou le boulevard des Italiens par une belle après-midi d'hiver. Seulement on n'y rencontre pas le même
monde; le mien est bien autrement intéres-
sant! C'est un monde de petits êtres pleins d'o-
riginalité et de sans-gêne qui, pour la plupart,
sont venus s'installer sur mes terres sans ma
permission : Mammifères, Oiseaux, Reptiles,
Batraciens, Insectes, Crustacés ou Mollusques.

J'avouerai, à mon grand regret, que tous ces
hôtes ne sont pas des braves gens. Je compte
parmi eux beaucoup moins d'amis que d'ennemis, mais j'apprends à les connaître et je

traite chacun selon son mérite. L'expérience m'est venue avec l'observation; je ne prends plus des innocents pour des bandits, ni des déprédateurs pour des auxiliaires.

Voulez-vous venir faire un tour avec moi et m'accorder le plaisir de vous présenter LES BÊTES DE MON JARDIN?

LES MAMMIFÈRES

Les MAMMIFÈRES occupant le plus haut degré de l'échelle animale, c'est par eux que nous commencerons notre étude.

Poussé par un sentiment de reconnaissance bien louable chez un propriétaire, je vous présenterai d'abord :

Les Défenseurs de Mon Jardin.

Voyez ces petits monticules dénudés qui gâtent un peu l'aspect verdoyant de mes pelouses. Je n'ai pas besoin de vous dire que ce sont des *taupinières*. Mais qu'est-ce que des taupinières?

—Parbleu ! ce sont les demeures des TAUPES.

— Pas le moins du monde. La TAUPE est bien trop méfiante pour établir ainsi son gîte à portée de notre œil et de notre main. Le domicile réel de l'animal qui a soulevé ces monts minuscules est vraisemblablement là-bas, au pied de ce grand arbre dont les racines ont pu lui fournir un toit protecteur.

Ces *taupinières* ne sont que des amas de déblais rejetés au dehors par la TAUPE à mesure qu'elle fouillait le terrain. Chacun de ces monticules indique l'entrée d'un tunnel conduisant à l'habitation principale. Nous irons une autre fois admirer de près ce logis ; aujourd'hui nous n'avons le loisir de nous occuper que de l'habitant.

La TAUPE est un petit quadrupède insectivore, un MAMMIFÈRE FOUISSEUR dont l'aspect n'est pas absolument séduisant. Courte et trapue, elle marche en touchant le sol de son ventre. Sa grosse tête, terminée par un boutoir analogue à celui du sanglier, est enlaidie par de petits yeux presque imperceptibles et par une gueule largement fendue, armée de quarante-six dents

TAUPE.

aiguës. Son cou épais, ses bras mal emmanchés, ses mains énormes qui semblent sortir des épaules, lui donnent à terre un air gauche et dépaysé. Mais une fois sous terre, quelle vivacité d'allures, quelle prestesse de mouvements, quelle vigueur au travail! Le fameux boutoir perce le sol avec la rapidité d'une tarière; le corps, cylindrique, moule les tunnels en tassant la terre des parois ; les mains rejettent les déblais à droite et à gauche ; si bien que la TAUPE paraît avancer dans le sol en y nageant. Elle va, elle va, toujours tout droit, sans autre guide que son instinct, jusqu'à l'habitation centrale où aboutissent tous ses tunnels.

Y voit-elle clair? Pas beaucoup sans doute ; mais cela n'est guère utile puisqu'elle travaille toujours dans les ténèbres. En revanche, elle a, je vous l'assure, l'ouïe fine, l'odorat subtil et le goût raffiné. Un goût de TAUPE, bien entendu.

Fouir et manger, voilà toute la vie de la TAUPE. Elle travaille avec ardeur et mange avec frénésie. Il n'y a pas de mineur plus habile ni d'ogre plus vorace. Elle mange avec gloutonnerie, avec sauvagerie, en enflant le dos de contentement, et poussant des deux mains les bouchées trop grosses ou trop rebelles pour aider à la préhension des aliments et à la déglutition.

Que mange-t-elle donc avec tant de fureur?

Des vers, des insectes, des oiseaux tombés du nid, de petits rongeurs ennemis de mon potager, mais surtout les terribles *vers blancs*, ces affreuses larves des hannetons. Une seule TAUPE peut consommer 20 000 vers blancs en une seule année. Jugez après cela s'il faut bénir un si effroyable appétit.

Lorsqu'elle a fini son repas, la TAUPE est prise d'une soif insensée, qu'elle satisfait même au prix de sa sécurité. Elle quitte son terrier et va boire où elle peut. Elle se grise d'eau comme elle s'était grisée de mangeaille, car elle ne connaît point la modération. Ce n'est pas dans ce cas que je la présenterais comme un modèle.

Quand les proies se font rares, les TAUPES affamées se livrent des combats à outrance où les vaincus sont mangés sans merci et sans remords.

La TAUPE est une mère parfaite : elle aime tendrement ses petits, les dorlote à sa manière, mais les tient à distance. Elle ne leur permet pas l'entrée de son appartement particulier, et leur creuse, à la rencontre de plusieurs galeries, un nid où elle vient les soigner. Elle rembourre ce nid à l'aide des tiges de certaines plantes qu'elle saisit par la racine et attire verticalement sous terre. C'est ainsi qu'on trouve dans quelques terriers des tiges et des épis de graminées qui ont fait à tort accuser les TAUPES d'en vouloir à nos récoltes. Ce ne sont là que de faux témoins.

La TAUPE est, quoi qu'on en puisse dire, l'un des plus intrépides défenseurs de l'agriculture. Si elle dénude partiellement mes pelouses, je m'en console ; je sais que l'année suivante ces places chauves n'en seront que plus chevelues. Si elle bouleverse mes jeunes semis, si elle trouble mes travaux de drainage ou d'irrigation, ce mal est plus que compensé par les services qu'elle me rend. Sans elle, les vers blancs, les taupes-grillons, bien d'autres insectes et bien d'autres larves, se régaleraient à mes dépens des racines des plantes de mon potager.

Attention ! ne marchez pas sur le cadavre du

petit animal qui gît au milieu de cette allée.
J'ai à vous parler de lui.

— Quelle drôle de petite souris !

— Êtes-vous bien sûrs que ce soit une souris ?
Regardez plus attentivement, vous verrez que
la ressemblance n'est pas fort grande.

D'abord, ce quadrupède est moins gros que
la souris, il a la queue moins longue, les
oreilles plus courtes, les moustaches plus abon-
dantes. Ensuite, il a le museau bien autrement
effilé. J'oserai même dire qu'il a le nez long.

Ce petit MAMMIFÈRE, que les naturalistes appellent MUSARAIGNE, de *mus*, souris, et *aranea*,
araignée, ne serait-il pas un parent éloigné de
la taupe ? Il n'est pas beaucoup mieux doué
qu'elle sous le rapport de la vue et il est aussi
bien endenté. Tenez, tandis que j'écarte les
mâchoires, voyez si ces deux rangées de petites
dents acérées ne sont pas l'indice certain d'un
régime carnivore. La MUSARAIGNE terrestre —
car il y en a d'aquatiques — se nourrit en effet
de vers, d'insectes, d'arachnides, voire même

de Musaraignes, mais seulement en temps de disette. On prétend que l'hiver, quand la chasse n'est plus fructueuse, la *Musette*, c'est ainsi qu'on nomme la Musaraigne dans nos campagnes, change de régime et devient granivore.

MUSARAIGNE TERRESTRE.

Je ne puis l'affirmer, bien qu'on la trouve souvent aux temps froids dans les greniers, les granges et les écuries. Peut-être n'y vient-elle que pour se réchauffer. Soyons réservés dans nos médisances.

La Musaraigne se retire solitaire pendant le jour dans les fentes des murailles, dans les trous du sol, dans les troncs des vieux arbres, et n'en sort qu'à la tombée de la nuit pour se mettre en quête de gibier. Celle que nous venons de trouver ici a sans doute été surprise au milieu de sa chasse par un chat qui l'a d'abord étranglée, puis dédaigneusement abandonnée à cause de l'odeur musquée que des glandes particulières communiquent à sa chair.

La Taupe et la Musaraigne me conduisent tout naturellement à vous parler du Hérisson, qui, malgré ses gros yeux saillants, n'en possède pas moins avec elles un certain air de famille.

Ce rogue personnage n'a ni l'ardeur ni l'industrie de la Taupe, il ne se met pas en frais pour se construire un logis et se contente d'un trou quelconque dont l'entrée est dissimulée par de la mousse ou des pierres. Il passe le jour engourdi dans l'obscurité de cette retraite et ce n'est pas à lui que le fabuliste aurait fait dire : « Que faire en un gîte à moins que l'on ne songe? » car son intelligence est des plus bornées. Après cela attribuez-lui de l'imagination!

Le Hérisson sort le soir à la poursuite d'une proie et déploie alors une activité infatigable. Il marche toujours, même en mangeant, remuant son mufle à la manière des cochons, flai-

HÉRISSON ET SES PETITS.

rant et fouillant la terre, se ruant avec voracité sur la proie rencontrée. Il n'est pas difficile et dévore indifféremment des insectes, des mollusques, des crapauds, des rongeurs, et même les cadavres des grands Mammifères nouvellement morts, quand par hasard il s'en trouve dans les bois qu'il explore. Il s'en prend quelquefois aux fruits et aux bourgeons qui sont à sa portée ; sa convoitise frugivore ne va pas plus haut : il ne sait pas grimper.

Le Hérisson est de ces gens à précaution qui peuvent, en un seul repas, dîner pour plusieurs jours il supporte alors des diètes fort prolongées.

La nature, qui a refusé un cœur de lion à cet indolent animal, l'a en revanche muni d'une cuirasse protectrice en transformant ses poils en épines acérées. Dès qu'il redoute un danger, notre poltron fléchit sur ses quatre pattes, ramène sa tête et sa queue sous son ventre, se roule en boule, hérisse ses baïonnettes et reste immobile sur la défensive. Les plus intrépides carnassiers sont tenus en respect par cette pelote garnie d'aiguilles, la pointe en l'air. C'est dans cette situation prudente que le Hérisson s'endort dans son trou à l'abri des surprises.

J'ai voulu attendre la venue du crépuscule

pour vous signaler d'autres protecteurs de Mon Jardin. Vous les voyez en ce moment tournoyer au-dessus de vos têtes, décrire mille courbes variées, se précipiter vers les arbres sans s'y heurter, disparaître subitement, revenir tout à coup, à intervalles réguliers. Leur vol tremblotant, silencieux, incertain, ne vous les ferait-il pas prendre pour de gros papillons nocturnes?

— Est-ce que vous voulez parler de ces vilains oiseaux à *ailes de peau*, de ces affreuses Chauves-souris qui nous inspirent tant de dégoût et d'effroi?

— D'abord les. Chauves-souris n'ont de commun avec les oiseaux que la faculté de voler. Ce sont des Mammifères. Elles mettent au monde un ou deux petits vivants, qu'elles allaitent en bonnes nourrices. Dès que le petit est né, elles l'enveloppent dans leurs ailes comme dans des langes protecteurs, le serrant contre leurs mamelles, où il puise sa première nourriture. Ces tendres mères n'aiment point à se séparer de leurs nourrissons, elles les em-

portent dans leurs chasses aériennes, suspendus à leurs flancs, où ils se cramponnent
par les ongles de leurs pieds. Voilà déjà de
quoi vous intéresser à mes singulières petites
amies. Ce n'est pas la seule chose que j'aie à
vous dire en leur faveur.

Les CHAUVES-SOURIS sont parfaitement innocentes des mœurs que leurs allures mystérieuses
et leurs habitudes nocturnes leur ont fait impu-
ter. Elles ne peuvent que nous faire du bien. Dès
que le soleil est couché, elles quittent la cachette
où elles prenaient du repos, pour continuer, la
nuit, la besogne qu'ont si bien commencée les
Hirondelles, qui à leur tour sont allées se repo-
ser. Elles font une chasse active aux insectes crépusculaires, qu'elles happent avec facilité grâce
à leur gueule largement fendue. Dans leur
gloutonnerie, elles réussissent à engloutir tout
d'une pièce un hanneton. Si la bouchée est trop
grosse, elles la poussent avec le bout de leur
queue, qu'elles ramènent vers leur tête !

D'où vient le nom de CHAUVES-SOURIS ? Vous

n'en savez rien? Ni moi non plus. Les naturalistes les appellent *Chéiroptères*, de deux mots grecs qui signifient : *mains transformées en ailes*. Ces ailes — puisque ailes il y a — sont

CHAUVE-SOURIS.

formées par des membranes qui unissent leurs flancs à leurs mains palmées comme les pieds des oiseaux aquatiques, sauf que les doigts sont beaucoup plus longs. Le pouce, isolé, est muni d'un ongle crochu, qui est un fameux crampon.

Les ailes des CHAUVES-SOURIS sont des organes de tact délicat qui leur permettent de voler dans l'obscurité à travers un dédale d'obstacles et de reconnaître leur chemin à tâtons.

Si l'on ne voit point de CHAUVES-SOURIS l'hiver, ce n'est pas qu'elles émigrent. Elles se retirent dans un recoin obscur où elles passent la mauvaise saison suspendues par les pieds, la tête en bas, sans redouter les congestions. Elles sont alors plongées dans un engourdissement qui les rend tellement insensibles, qu'on peut les toucher, les jeter à terre, sans qu'elles donnent le moindre signe de vie. Le printemps ne les réveille pas toutes, car on en trouve souvent qui ont ainsi passé de vie à trépas pendant leur sommeil et se sont desséchées.

La CHAUVE-SOURIS clôt la série des MAMMIFÈRES amis de MON JARDIN que je tenais à vous faire connaître. Vous aurez pu remarquer que mes sympathies ne tenaient point à la forme et que je ne me laissais influencer que par le seul vrai mérite.

Les Rongeurs de Mon Jardin.

Entrons au potager. C'est là que nous prendrons en flagrant délit les malfaiteurs qui ont déclaré la guerre à Mon Jardin. Ce sont des ennemis plus terribles qu'ils ne sont gros.

Regardez au fond de ces trous que mon jardinier a creusés, à l'aide d'une tarière particulière, entre ce plant de cardons et ce carré de salades. Dites-moi ce que vous y voyez.

— Nous y voyons une dizaine de souris d'un gris fauve, les unes mortes, les autres cherchant avec inquiétude une issue pour s'échapper.

— Ces petits Mammifères sont des Mulots et ce trou est un piège où ils sont tombés.

— Quoi! voilà ces ennemis terribles? Quels grands dégâts peuvent-ils donc commettre?

— Quelques Mulots isolés ne feraient sans doute pas grand tort à mes récoltes; mais, hélas! cette engeance ne peut que trop souvent s'appeler *légion*, et alors on se trouve en présence d'un des plus grands fléaux de l'agriculture. Voulez-vous avoir une idée des déprédations commises par ces minuscules rongeurs? Dans le cours de l'année 1881, ils ont fait subir une perte de TREIZE MILLIONS aux seuls cultivateurs du département de l'Aisne. Oui, ces gaspilleurs ont, sans jeu de mots, mangé 13 000 000 de francs dans le cours d'une année!

En automne, les MULOTS viennent dévorer les semailles; en été, ils coupent à la base les tiges de blé pour faire tomber les épis et se repaître des grains; en hiver, ils se réfugient dans les trous qu'ils ont approvisionnés ou dans nos meules pour y faire bombance.

Ceux qui ont envahi mon potager y sont entrés souterrainement par quelques galeries de taupes; ils ont dévoré mes salades, rongé par le pied mes cardons et mes artichauts, dont les têtes sont fanées. Vous le voyez, ils ont tout gaspillé sur leur passage. Croyez-vous que je n'aie pas le droit de leur faire la guerre à mon tour? Mais combien il est difficile de vaincre des ennemis si petits et si nombreux qui, à la moindre alerte, se dérobent à nos coups et à nos recherches avec une prestesse inimaginable ! Comment détruire cette race maudite qui pullule loin de nos regards? Songez qu'une seule femelle donne naissance, en une année, à une trentaine de petits affamés qui se nourrissent à nos dépens!

Certains agriculteurs lancent à leurs trousses, au moment de la moisson, des troupes d'enfants qui les assomment à coups de bâton, ce qui n'est pas fort édifiant. Les uns versent dans les trous des MULOTS des liquides empoisonneurs; d'autres creusent sur leur passage des fosses à pic d'où ils ne peuvent regrimper et dans lesquelles on les vient noyer. Mais que ces moyens sont insuffisants! En voulez-vous de plus sûrs? Opposez-vous de toutes vos forces à la destruction des chouettes, des hiboux, des chats-huants et de leurs couvées. Nous n'avons pas d'auxiliaires plus précieux que ces pauvres oiseaux nocturnes, auxquels l'ignorance et la superstition ont fait une mauvaise réputation. Et quand vous en verrez au pilori, à la porte d'une grange, dites à l'inintelligent cultivateur qui a commis ce forfait : Tant pis pour vous si vous ne savez pas distinguer vos amis de vos ennemis.

Allons maintenant visiter mes espaliers; nous pourrons cueillir une pêche en passant.

— A quoi bon tous ces pièges tendus entre les branches?

— Prenez garde d'y mettre le doigt, ils ne sont destinés qu'aux LÉROTS. En voici justement un qui s'est laissé prendre.

— Pauvre petite bête! elle est éventrée. Ces LÉROTS sont donc bien méchants?

—Méchants, non ; gourmands, oui. Si, à cause de leur gentillesse, j'avais trop de compassion pour ces petits rongeurs, MON JARDIN en serait bientôt infesté et je pourrais me passer de dessert à leur profit. Si encore ces petits misérables ne s'attaquaient qu'aux fruits de rebut! mais non : il leur faut ce qu'il y a de plus succulent. Ces délicats ne se trompent jamais dans leur choix.

Les Lérots sont réellement très gentils avec leur pelage gris en dessus et blanchâtre en dessous, avec la bande noire qui entoure leurs yeux vifs et leur longue queue empanachée. Ils nichent dans les trous des murailles ou dans la terre sur un nid de mousse et de feuilles qu'ils se fabriquent tant bien que mal : comme on fait son lit on se couche. Le soir, ils sortent de leur retraite pour courir sur la crête des murs d'espaliers et grimper aux arbres fruitiers. A défaut de fruits à pulpe douce, ils mangent des amandes, des noix, des noisettes, et ne dédaignent pas toujours les pois, les haricots et les fèves.

Ils entrent parfois dans nos maisons et surtout dans les laiteries, car ils sont friands de lait.

Ces petits quadrupèdes s'endorment pendant l'hiver au milieu de leurs provisions et se réveillent aux premières chaleurs.

LES OISEAUX

J'aime ces petits hôtes ailés, non seulement parce qu'ils sont aimables, mais encore parce qu'ils sont presque tous les amis de MON JARDIN. Je ne souffre jamais qu'on les déniche, qu'on leur tire le moindre grain de plomb, ni qu'on leur tende des pièges. Aussi MON JARDIN est-il rempli d'OISEAUX qui l'animent de leurs ébats et l'égayent de leurs chansons. Vous me direz peut-être qu'il y en a trop; que cette prodigieuse quantité de MOINEAUX piaillards et pillards est déplaisante et nuisible.....

Ne dites pas trop de mal de ces pauvres *Pierrots*, vous me donneriez à penser que vous gardez les vieux préjugés. Ne savez-vous pas que des observations plus judicieuses et plus suivies ont réhabilité ces OISEAUX? Je ne prétends pas affirmer qu'ils ne s'abattent sur nos champs cultivés que pour s'y ébattre, ni qu'ils rôdent l'hiver autour de nos meules en tout bien tout honneur; mais il faut bien que tout le monde vive! Sans doute, l'aide que les MOINEAUX nous prêtent, le dévouement qu'ils nous accordent, ne sont pas gratuits. En qualité de *petits moines*,

MOINEAU FRANC.

ils prélèvent la dîme due à leurs services réels. Les insectes, les larves, les chenilles qu'ils dévorent l'été et dont ils nourrissent exclusivement leurs petits, nous auraient causé bien d'autres ravages! Rappelez-vous l'histoire de cette province allemande qui, après avoir proscrit les MOINEAUX, s'est trouvée trop heureuse

de leur faire amende honorable en les réimpor-
tant. Quant à moi, j'ai de la sympathie pour ces
petits tapageurs qui bavardent encore l'hiver
dans MON JARDIN quand les autres OISEAUX se
taisent. Leur joyeuseté m'amuse. Le *Pierrot!*
mais c'est le gamin de l'air !

LINOTTE.

Si je veux jouir de concerts plus mélodieux,
je vais dans ma charmille écouter des chanteurs
mieux doués et plus habiles. Je vous signalerai
avec plaisir les gentils CHARDONNERETS, épris
des graines de chardon et d'autres mauvaises
plantes qu'ils empêchent de foisonner ;

Les paisibles Linottes, qui ont une prédilection marquée pour les graines du lin ;

Les Bouvreuils, à l'élégant habit gris orné
d'un plastron rouge ;

PINSON.

Les gais Pinsons, qui peuvent s'apprivoiser,
mais que je me garderais bien de priver de leur
liberté ;

Les pétulantes Mésanges, dont l'audace et le
courage tiennent de l'étourderie ;

Les Roitelets, qui semblent leur représenta-
tion en miniature et qui, comme elles, sont
plus carnivores que granivores;

Les Merles rusés, dont le chant éclate soudain en fusées sonores;

MERLE.

Les superbes Loriots, au plumage jaune d'or
rehaussé de noir velouté, que d'imprévoyants
propriétaires traitent en gibier. Ce n'est pas moi
qui punirais de mort ces charmants Oiseaux
pour avoir trop aimé mes cerises! Je suis bien

trop content de leur offrir ce petit régal en les
remerciant de m'avoir délivré de tant d'ennemis
de Mon Jardin que mon regard ni ma main ne
pouvaient atteindre.

LE ROSSIGNOL.

J'ai gardé, non pour la bonne bouche, —
que feriez-vous de ce maigre rôti? — mais pour
la bonne oreille, le Rossignol, ce chantre de son

belles nuits printanières, ce ténor enchanteur qui entretient l'éclat et la suavité de son timbre en se gargarisant avec des vers, des insectes et des nymphes de fourmis.

Les FAUVETTES, leurs émules, célèbrent aussi par leurs chants les repas fameux que leur ont procurés les chasses à la proie vivante; car ces charmantes petites *fauves* sont, par bonheur, aussi cruelles aux essaims volants d'insectes et aux troupes rampantes de larves que les lions et les tigres le sont aux bêtes innocentes du désert.

Citons encore les petits ROUGES-GORGES curieux et familiers qui, l'hiver, s'approchent de nos demeures.

En pénétrant dans mon bois, nous entendrons, plutôt que nous ne verrons, d'autres OISEAUX moins bien doués, perchés aux sommets des plus grands arbres :

La PIE, babillarde et voleuse, comme vous l'avez entendu raconter, qui a l'instinct de prendre et de cacher tout ce qui brille. Elle se nourrit de ce qu'elle rencontre, aussi bien de charogne que de grains. Elle fait la chasse aux insectes, aux mulots et aux souris, et accu-

LA PIE.

mule, pour l'hiver, des provisions de pois et de fèves. Il est donc assez difficile de déterminer les services qu'elle nous rend et le prix qu'elle nous les fait payer.

Le GEAI, querelleur, qui n'a nullement besoin de se parer des plumes du paon, attendu que son plumage gris-ardoise, varié de noir, de bleu et de blanc, lui sied à ravir.

Les TOURTERELLES plaintives, au roucoulement monotone, qui passent pour des modèles de fidélité conjugale et jouissent de la considération générale. Je suis loin de partager cet engouement. Ces OISEAUX m'ennuient. Aussi j'absous volontiers les gourmands qui les considèrent comme un bon gibier d'automne, surtout quand ils se sont engraissés en glanant à la suite des moissonneurs.

Ne croyez pas que j'oublie les HIRONDELLES. Seulement je me contenterai de les citer. Vous les connaissez bien; vous partagez le respect qu'elles inspirent à tout le monde et auquel j'applaudis. Je me garderai bien de blâmer la superstition qui les protège et que je voudrais voir s'étendre à tous mes petits OISEAUX. Je sais que vous vous réjouissez quand vous les voyez au-dessus de vos têtes voler en rond et faire de si bonnes parties de *chat-coupé*. Voilà des espiègles ailés qui savent mieux que vous rendre leurs jeux aussi utiles qu'agréables.

C'est ici le lieu de mentionner les MARTINETS, qui viennent aider les Hirondelles à purger l'air de bon nombre d'insectes.

J'accorde encore une mention honorable aux CHOUCAS. Ces petits corbeaux tapageurs, domiciliés dans le vieux clocher de l'église voisine, quittent leur sombre retraite pour fouiller mes couches à melons et y saisir les courtilières. Œufs, larves, insectes parfaits, ils dévorent tout, sans distinction de sexe ni d'âge. Aussi, loin de détruire ces noirs auxiliaires à qui bon nombre de gens n'attribuent que le don de prédire des catastrophes, je les accueille volontiers en prévision d'un avantage certain.

LES REPTILES

Les Sauriens.

Voilà un LÉZARD GRIS bien audacieux ; comment ose-t-il flâner ainsi tout près de nous? Est-il assez nonchalamment allongé sur cette pierre! Avec quelle volupté il se laisse pénétrer par la douce chaleur de ce beau soleil! Comme il agite mollement sa queue en signe de contentement, avec quelle béatitude il nous regarde! Ne dirait-on pas qu'il veut nous faire part de son bien-être? Heureux LÉZARD qui peut jouir à son aise des tiédeurs embaumées de l'atmosphère pendant les beaux jours et sommeiller paisiblement tout le long de l'hiver! C'est que nous ne l'effrayons pas le moins du monde.

— Pourquoi aurait-il peur de nous? Ce petit être gracieux, timide et doux saurait-il deviner les malices qui peuvent passer par la cervelle d'un enfant? D'ailleurs vous connaissez ce dicton devenu banal : *Le lézard est l'ami de l'homme.* Oui, le LÉZARD est mon ami, car, sans jamais goûter à mes fruits, il se nourrit d'insectes, de fourmis et même de mouches qu'il

LÉZARD GRIS.

attrape au vol avec une adresse réjouissante. Vous accusez celui-ci de flânerie; ne voyez-vous pas qu'il est à l'affût? Tenez, cette mouche qui passe l'a fait sortir de sa torpeur apparente. Avec quelle prestesse, quelle soudaineté il l'a happée!

Le LÉZARD GRIS, que nous rencontrons presque toujours isolé, vit pourtant en famille; il a même la réputation d'être bon père et bon époux. On prétend qu'il partage avec la mère les soins de l'incubation, en apportant au soleil, en rentrant à l'abri du froid, les chers œufs d'où doit sortir sa descendance. Ces aimables REPTILES s'apprivoisent si facilement, qu'ils deviennent démonstratifs jusqu'à la familiarité la plus gênante.

— Emparons-nous donc de celui-ci pour mettre à l'épreuve ses vertus domestiques. Bon! la queue nous est restée entre les doigts et voilà le LÉZARD tombé au pied du mur. Avec quelle agilité il s'enfuit et rentre dans son trou, une fente de muraille, une lézarde, d'où ses pareils ont pris leur nom. Sans doute il y va cacher sa confusion. Pauvre LÉZARD! le voilà bien sot avec sa queue coupée.

—Consolez-vous, elle repoussera peut-être. En tout cas, s'il a perdu sa queue à la bataille, il

a du moins reconquis la liberté, le plus précieux de tous les biens.

Les Serpents de Mon Jardin.

— Comment! vous avez des *serpents* dans
votre JARDIN? Si nous avions su cela plus tôt,
nous n'aurions pas pénétré si inconsidérément
dans les fourrés du petit bois.

— Des serpents! où donc?

— Tenez, là, dans le sable, au pied de la
haie. Voyez ce petit serpent gris avec des reflets cuivrés.

— Dieu merci! Ce n'est qu'un ORVET, animal inoffensif, appartenant comme le Lézard à
la famille des SAURIENS. J'avoue qu'on peut s'y
tromper. Avec son corps cylindrique et effilé,
privé de pattes, recouvert de petites écailles
imbriquées, l'ORVET se donne innocemment des
faux airs de serpent. Il n'a ni la méchanceté,
ni la souplesse de ces vilains REPTILES et ne
saurait comme eux se rouler en spirale. On
lui donne communément le nom de *ser-*

pent de verre, à cause de sa queue fragile dont les vertèbres se désarticulent facilement. Quand ce malheur arrive, la queue continue à s'agiter

ORVET.

pour son propre compte, tandis que l'Orvet, désemparé, s'en va d'un autre côté.

L'Orvet a droit à notre protection, car c'est un consommateur d'insectes, de larves et de tout petits mollusques. Vous pouvez contribuer à rassurer les gens de la campagne en leur affirmant qu'il n'entre jamais dans les étables pour y mordre les vaches et les empoisonner, attendu qu'il est absolument dépourvu de venin.

— Et les COULEUVRES que l'on rencontre dans les bois et dans les prairies, ce sont bien des SERPENTS?

— Oui, les COULEUVRES appartiennent à la famille des SERPENTS, mais elles n'en sont pas pour cela plus redoutables; elles n'ont aucun venin mortel et leur morsure est absolument inoffensive pour l'homme. Leur seul moyen de défense est une pure gaminerie : il consiste à rejeter violemment un liquide nauséabond qui adhère si fortement aux mains et aux vêtements, que plusieurs lavages successifs sont nécessaires pour en faire disparaître les traces. Vous pourriez très bien rencontrer de ces REP-TILES ici, car j'en vois souvent traverser cette allée pour disparaître dans des trous au pied de cette haie.

— Et vous ne les détruisez pas?

— Certes non, ce serait singulièrement re-connaître leurs bons offices. Elles me causent peu de tort et me rendent service en me débar-rassant des mulots, et d'une foule d'insectes malfaisants. Il est vrai que, poussées par la faim, il leur est arrivé de détruire quelques couvées. On les a vues parfois grimper aux arbres et surprendre au nid les pauvres petits oiseaux. Que voulez-vous? La faim est mauvaise conseillère.

Les Couleuvres, enveloppées dans une peau inextensible, ne peuvent prendre de l'accroisse-ment qu'à condition de changer de vêtement; elles sont donc obligées de se déshabiller assez souvent. Au moment de la mue, elles s'enfon-cent dans les endroits où l'herbe est raide et touffue et, à force de passer et repasser entre les tiges serrées, elles parviennent à ramper hors de leur vieille dépouille par une fente pra-tiquée à l'endroit du cou. La peau qu'elles aban-donnent ensuite se trouve retournée comme un doigt de gant.

Les Couleuvres qui habitent cette contrée sont la *Couleuvre à collier* et la *Couleuvre vipérine;* elles sont aussi bonne enfant l'une que l'autre.

COULEUVRE A COLLIER.

On trouve les œufs de ces Reptiles dans les tas de fumier ou dans les meules, en chapelets de quinze à vingt grains. Ces œufs sont blancs, enveloppés d'une membrane épaisse et n'ont point de coquille.

Sans etre amphibies, les Couleuvres n'ont pas peur de l'eau. On les voit traverser à la nage, la tête hors de l'eau, des ruisseaux, des rivières, où elles capturent des grenouilles, des salamandres aquatiques et même des poissons. Elles viennent généralement prendre leurs quartiers d'hiver dans le voisinage de nos habitations. Elles aiment à se cacher dans les tas de fagots ; elles y passent la mauvaise saison dans un état d'engourdissement d'où elles ne sortent qu'au printemps.

LES BATRACIENS

— Qu'est-ce qui rampe là dans l'herbe ? Pouah! C'est un affreux Crapaud. Assommez-le d'un coup de canne.

— Pourquoi ferais-je du mal aux créatures malheureuses et inoffensives?

— Le Crapaud serait donc encore un de vos amis?

— Un ami, un ami! distinguons! Je ne

l'aime guère, et il ne me plaît pas du tout.
Pauvre bête ! elle est plutôt repoussante que
sympathique, avec son corps couvert de pustules
et de verrues qui ne sécrètent rien de bon. Cir-

CRAPAUD.

constance atténuante ! ce venin est son seul
moyen de défense contre ses nombreux ennemis.

Avons-nous le droit de reprocher au CRAPAUD
sa laideur ? Il l'impose le moins possible à notre
vue ; il semble se cacher à dessein dans les
lieux sombres et humides. Il est vrai que, si

ce n'est pas pour échapper à l'horreur qu'il inspire, ce n'est pas non plus pour y nourrir des projets criminels : c'est pour y chercher des limaces, des cloportes et autres fléaux du jardinage. Aussi, après avoir été longtemps bafoués, honnis, traqués, les CRAPAUDS sont aujourd'hui l'objet d'un commerce assez important dans certains pays où les jardiniers avisés les achètent pour leur faire monter la garde autour de leurs produits. Et, fidèles à leur consigne, ou, si vous aimez mieux, à leur vorace appétit, ces utiles BATRACIENS sont de bonnes sentinelles. Je ne leur ferai qu'un reproche : c'est d'aimer trop les fraises.

Les CRAPAUDS ont une façon bizarre de capturer leur gibier. Leur langue visqueuse, attachée à l'entrée de la gueule, a la pointe tournée vers le fond du gosier. Quand une proie passe à portée, la langue se détend comme un ressort, frappe la victime et l'entraîne pour la plonger dans le gouffre béant qui l'attend. En un coup de langue, le tour est joué.

Le CRAPAUD est soumis à des mues qui l'éprouvent plus ou moins. Mais que devient sa dépouille? Si l'on rencontre quelquefois la vieille défroque d'une couleuvre, on ne trouve jamais celle d'un CRAPAUD. Qu'en fait-il donc?

Ce lugubre solitaire, qui ne doit compter sur l'aide de personne, économe et rangé, ne veut rien laisser perdre. Donc, quand il s'est débarrassé de son vieux vêtement devenu trop étroit, il le prend entre ses deux pattes de devant, le plie, le tord, le roule, et l'avale comme une pilule!

Ne méprisons plus les CRAPAUDS. Soyons compatissants envers nos serviteurs les plus disgraciés.

J'ai gardé pour le bouquet un autre BATRACIEN habitant de MON JARDIN. A cette heure, nous le trouverons tapi sous une feuille où il se tient à l'affût, en attendant l'instant de la chasse à courre. Je veux parler de la RAINETTE, cette admirable petite grenouille aérienne qui vit dans le feuillage des arbres. Est-elle assez coquettement vêtue avec sa jolie robe d'un beau vert printanier, rayée de jaune et de violet, avec son gilet de satin blanc! Ses yeux vifs et brillants ne lui donnent-ils pas un air de malice? Remarquez les petites pelotes qui garnissent le bout de ses doigts. Ce sont des ventouses qui lui permettent d'adhérer à la surface des corps polis, à la manière des mouches qui se promènent sur les vitres et sur les plafonds.

Cette charmante RAINETTE est bien loin de l'étang où elle a pris naissance; mais ne soyez point en peine, elle y retournera pour devenir mère à son tour.

Cette nymphe des prairies et des arbres boit la rosée du matin qui étincelle sur les brins d'herbe ou les gouttes de pluie restées dans la concavité d'une feuille. Agile et gaie comme un oiseau, elle bondit le soir de branche en branche à la poursuite des insectes ailés et jette dans la nuit son refrain guttural. Aussi aimable que jolie, la RAINETTE s'apprivoise facilement. Assurez-vous-en. Mettez une RAINETTE dans un bocal à moitié rempli d'eau en lui donnant pour promenoir un rameau feuillu, nouvellement coupé, que vous immergerez en partie. Recouvrez le tout d'une grosse toile pour empêcher la cap-

RAINETTE

tive de prendre la fuite. De temps en temps, introduisez adroitement dans le bocal une mouche vivante que vous verrez voleter à tort et à travers entre la surface de l'eau et le couvercle, jusqu'à ce que, lassée, elle se pose sur une feuille.

C'est le moment qu'attend la Rainette, immobile et attentive, pour bondir sur sa proie,
qu'elle engloutit d'un seul coup.

LES INSECTES

Les Insectes! voilà les vrais habitants de Mon
Jardin. Quels envahisseurs! Quelle activité dé-
vorante agite ce monde étrange qui se dérobe
à mes colères par sa petitesse! Il n'y a pas un
tronc d'arbre, pas une feuille, pas une fleur, pas
un fruit, pas un brin d'herbe, pas un décimètre
carré de terrain qu'ils ne possèdent par droit de
conquête. Ils s'y sont établis et y font tranquil-
lement leurs affaires. Malheureusement, leurs
intérêts ne sont pas toujours les miens. Pour
quelques individus dont le travail me profite,
que de déprédateurs qui vivent à mes dépens!

Nous ne les examinerons pas tous, et pour
cause. Songez qu'on ne compte pas moins de

quatre cent mille variétés de mouches, de papillons, de fourmis et de coléoptères ! Je ne vous entretiendrai que des INSECTES les plus vulgaires, de ceux que vous rencontrez à chaque pas. Pour éviter la confusion qui pourrait résulter du hasard de nos rencontres, je vous les présenterai par groupes et par familles, en attirant votre attention sur les meilleures espèces comme sur les plus mauvais sujets.

Les Chasseurs.

Honneur aux braves ! Commençons par les CARABES DORÉS, ces infatigables combattants magnifiquement vêtus d'armures aux reflets métalliques qui passent et repassent sous nos yeux avec des airs de foudres de guerre. Toujours en action, toujours en marche, faisant leurs tournées comme de bons gardes-champêtres, ils ne cessent de poursuivre, de combattre et de pourfendre les rôdeurs et les malfaiteurs. Armés de terribles mandibules en forme de cisailles, ils coupent leurs ennemis en deux ou les perforent d'un coup de croc. Ils dévorent les larves qui vivent de racines, se gorgent de fourmis, se délectent de chenilles; ils traquent les limaces dans leurs sombres retraites et éventrent sans merci les hannetons qu'ils trouvent sur leur passage. Nous n'aurons jamais assez de reconnaissance envers ces agents qui font la police de nos jardins; ils sont bien surnommés : *Sergents* et *Jardinières*.

Ces *Jardinières* si bien vêtues, si actives, si laborieuses, ont pourtant mauvais caractère. Si elles n'attaquent jamais, elles sont du moins promptes à la riposte et qui s'y frotte s'y pique. Comme dit la chanson :

> Cet animal est très méchant;
> Quand on l'attaque, il se défend.

N'essayez pas de le prendre, de le toucher, vous le taquineriez et il déverserait un liquide d'une odeur désagréable et assez corrosif pour occasionner une brûlure vive. Cette faculté lui fait encore donner le sobriquet de *Vinaigrier*.

Les plus petites espèces de CARABES, vulgairement confondues sous les dénominations de

CARABE EN CHASSE.

Pétards, de *Canonniers* et de *Bombardiers*, excellent à se défendre ainsi. Elles lancent en arrière, avec explosion, un liquide plus ou moins nauséabond. Dès qu'ils se sentent attaqués, les *Bombardiers* fuient à toutes jambes en tirant

des bordées à la face de leurs poursuivants. Drô-
les de petits artilleurs qui bourrent leurs canons

par la gueule et les déchargent par la culasse !
Moins solidement armées que les Carabes,
les élégantes CICINDÈLES
CHAMPÊTRES, à la cuirasse
verte ponctuée de blanc, sont
mieux taillées pour la course.
Elles ont été justement sur-
nommées les *Tigres des Insectes*, et elles semblent en
effet loger un cœur de tigre
sous leurs *élytres*.

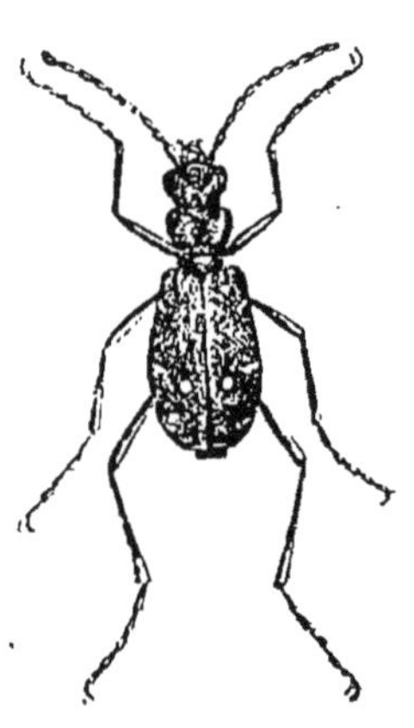

A peine le printemps a-t-il
réveillé toutes les petites larves affamées, que

la CICINDÈLE se met en campagne. Elle bat les buissons, arpente les champs, traverse les chemins, s'attaque à tout ce qui passe, emportant souvent dans son vol la proie qu'elle continue de dévorer. Brave jusqu'à l'intrépidité à l'état parfait, elle n'est pas moins active à l'état de larve ; mais alors sa faiblesse la condamne à la ruse. Logée dans une galerie verticale qui s'enfonce à 50 centimètres sous terre, elle y grimpe en se pliant en Z, à la façon d'un ramoneur qui monte dans une cheminée, et bouche l'orifice avec sa grosse tête cornée. Elle reste là, à l'affût, jusqu'au moment où un insecte étourdi passera sur cette vivante trappe qui, s'effondrant sous lui, le livrera à l'ogresse prête à s'en repaître au fond de son souterrain.

Vous serez sans doute étonnés de me voir placer à la suite de ces terribles chasseresses, l'humble petite BÊTE A BON DIEU à la jolie robe écarlate ponctuée de noir. La BÊTE A BON DIEU ! voilà j'espère un nom glorieux ! il est bien mérité.

La Bête a bon Dieu, ou Coccinelle comme on dit scientifiquement, nous rend plus de services que ne le ferait supposer sa taille. Grâce à ses yeux perçants, elle découvre les

COCCINELLE.

plus petits pucerons collés aux tiges des plantes et elle accourt pour les examiner ; mais vous vous doutez bien que ce n'est pas pour en faire un sujet d'étude : elle en fait le fond, la pièce de résistance de ses repas. Elle pond ses œufs au milieu de leurs troupeaux et dès que les petites larves sont écloses, elles se mettent à paître cette pâture vivante. C'est pour cela qu'on appelle ces

larves *vaches à Dieu*. Sachez donc gré à la Bête
a bon Dieu des services qu'elle nous rend et ne
l'arrachez pas à ses utiles occupations pour la
mettre dans une boîte ou dans un cornet de
papier, en lui offrant de la mie de pain et des
feuilles qu'elle dédaigne.

Je terminerai la nomenclature des Chasseurs
par les destructeurs de colimaçons. Parmi les
plus acharnés, il faut citer les Driles et les Vers
luisants, dont les larves s'introduisent dans la
coquille du colimaçon, dévorent le propriétaire,
et subissent leurs métamorphoses dans le domicile qu'elles ont usurpé. Cette violation du droit
des gens n'a pas lieu sans protestation. A peine
le pauvre colimaçon a-t-il senti la présence d'un
de ces ennemis qu'il entre en pleine efferves-
cence. Il écume, il bouillonne, il cherche à
noyer l'intrus dans des torrents de bave. L'autre
n'en a cure, il poursuit sa destinée : il s'enfonce
peu à peu dans le corps de son adversaire, qui
recule épouvanté au fond de sa demeure. Mais
hélas ! il n'y a pas de porte de sortie.

Auriez-vous pensé que ces jolies étoiles ter-
restres que vous voyez briller dans l'herbe,
pendant les soirées d'été, avaient des mœurs
si féroces? Disons en passant que ces curieux

DRILES DÉVORANT UN COLIMAÇON.

Vers-luisants ne sont pas du tout des vers, mais
bel et bien des coléoptères appelés Lampyres.
Quelle désillusion quand on s'est emparé d'un
de ces insectes phosphorescents! Au lieu de la

merveille espérée, on ne tient qu'un vilain être aplati, annelé, d'un gris brunâtre; une inerte femelle qui avait allumé tous ses feux pour guider le mâle à travers les fourrés du gazon!

Écrasez un VER LUISANT entre vos doigts, ils conserveront quelques instants des traces lumineuses sans que vous soyez en danger de prendre feu. Plongez-les dans l'eau chaude, ils n'en brilleront que davantage. Mettez-les dans l'eau froide, ils s'éteindront.

Les Fossoyeurs et les Balayeurs.

Ne trouvez-vous pas surprenant qu'on ne rencontre pas plus souvent dans la campagne des cadavres d'oiseaux et de petits mammifères?

— Si, car enfin les bêtes meurent comme nous et elles n'ont pas de cimetières où sont ensevelis leurs morts.

— Néanmoins le service des pompes funèbres est bien organisé dans ce petit monde. Auprès des chasseurs qui se nourrissent de proies vivantes, la nature a placé des équarrisseurs qui dépècent les charognes, des fossoyeurs qui enterrent les cadavres, des balayeurs qui nous débarrassent d'une foule de détritus dont les émanations vicieraient l'air.

Vous avez peut-être rencontré, au bord des sentiers, de singuliers insectes d'un aspect à la fois féroce et comique avec leur habit écourté comme celui d'écoliers qui ont grandi trop vite. Ils marchent les mandibules béantes, prêts à mordre et à manger, retroussant leur queue comme s'ils craignaient de la souiller au contact des charognes qu'ils vont dépecer. Vous les appelez des *Diables*, on les nomme STAPHYLINS ODORANTS, à cause de la matière volatile, plus ou moins parfumée, qu'ils exhalent. Armés de mandibules solides, doués d'un appétit glouton, ces insectes carnassiers, sans faire fi des proies vivantes, ont plus de goût pour les corps en décomposition. Aidés des ESCARBOTS et des SILPHES, ils ont bientôt nettoyé la place à coups de mâchoires.

D'autres tribus d'insectes se réunissent par escouades pour remplir le rôle de *fossoyeurs*. Ce

sont les Nécrophores, dont l'odorat subtil découvre les cadavres au milieu des herbes et des
pierres. Qu'une taupe, un mulot, un petit oiseau
tombent morts sur le sol, ils n'y resteront pas
longtemps. De toutes parts arrivent les Nécro-

STAPHYLINS ODORANTS.

phores qui procèdent à l'ensevelissement. Les
uns se glissent sous le mort, creusent à la mesure
voulue la fosse où il s'enfonce peu à peu; les
autres déblayent la terre à coups de pattes. Ceux-
ci poussent le corps, ceux-là le recouvrent et,

bientôt un petit tumulus de terre meuble s'élève au-dessus de la tombe. Ces alertes croque-morts ne travaillent pas ainsi dans le seul intérêt du bien public. Après les funérailles, les femelles viennent déposer leurs œufs dans le cadavre enfoui qui servira de berceau et de pâture à leurs larves.

NÉCROPHORE.

Les *balayeurs* ont des mœurs plus douces, sinon plus propres, car le nom générique de BOUSIERS et de STERCORAIRES qu'on leur donne signifie « habitants des fientes ». Et encore, s'ils se contentaient de les habiter!

Chose étrange! Tous ces BOUSIERS sont de beaux SCARABÉES brillants, bleus, bronzés, noirs, verts ou rouges, qu'on voit toujours sortir de leur infect domicile, propres et astiqués comme s'ils avaient passé par les mains d'un brosseur.

Les Végétariens.

Les *Végétariens* — permettez-moi de leur donner ce nom — comme cela vous a un air paisible et doux! Ah! oui, jolis modèles de tempérance et de sobriété que ces mangeurs de végétaux! Ils grugent à qui mieux mieux nos jardins, nos potagers, nos vergers, nos cultures : nous n'avons point parmi la gent ailée d'ennemis plus redoutables.

Regardez dans le cœur de cette grosse rose blanche. Vous y verrez un superbe insecte qui s'est endormi là, après s'être grisé de nectar et d'ambroisie. C'est la CÉTOINE DORÉE, une raffinée qui se nourrit des fleurs du lilas, des pétales de roses, et malheureusement aussi des étamines des fleurs de nos arbres fruitiers qu'elle stérilise. Essayez de saisir cette jolie CÉTOINE bourrée de parfums, elle répandra aussitôt une liqueur fétide, heureusement inoffensive.

Quand l'heure de la maternité sonne pour elle, la CÉTOINE va déposer ses œufs dans le bois pourri où les petites larves se filent une coque soyeuse pour y opérer mystérieusement leur métamorphose. Elles sortiront de là, pures et brillantes, pour retourner au cœur des roses où

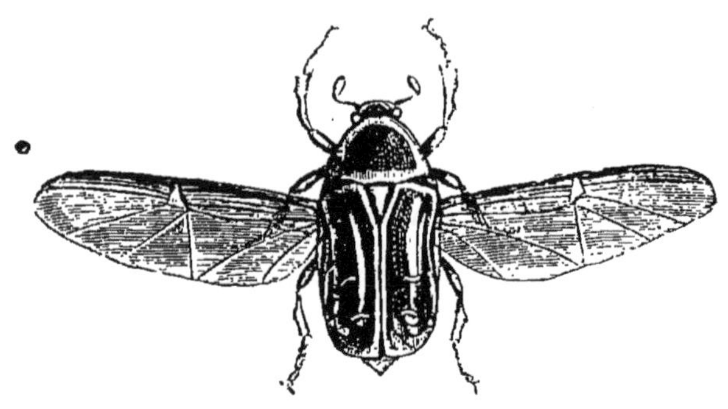

CÉTOINE DORÉE.

sera bercée leur douce existence dans un hamac parfumé.

Dans le calice de ce lis, vous trouverez un autre Coléoptère d'un rouge brillant, qui ne quitte point sa salle de festin pour subir ses transformations. C'est la CRIOCÈRE DU LIS, dont la larve a de singulières habitudes. Cette petite malpropre amène sur son dos ce que tous les autres animaux rejettent et s'en enveloppe pour échapper aux regards curieux. Si, croyant lui rendre service, vous vous avisez de la débarbouiller, elle se remet à se gorger de plus belle, afin d'obtenir la matière en question avec laquelle elle se fera au plus vite un vêtement pareil.

Qu'est-ce donc que toutes ces petites bêtes bleu verdâtre, grosses comme des têtes d'épingles, qui sautent et bondissent à travers choux?

Ce sont des ALTISES ou *Luisettes*, dites encore *Puces de terre* et *Tiquets*, petits Coléoptères très

CRIOCÈRE DU LIS.

nuisibles aux plantes potagères. Voyez comme ces feuilles sont criblées de trous : c'est l'œuvre de leurs larves, qui ont trouvé là la table et le logement. Aidées de leurs parents, ces petites misérables ne m'ont pas laissé l'an passé un navet dans mon potager. On propose pour les détruire de saupoudrer les plantes pendant la rosée du matin avec de la cendre de bois. Mais comment espérer anéantir une race pullulante

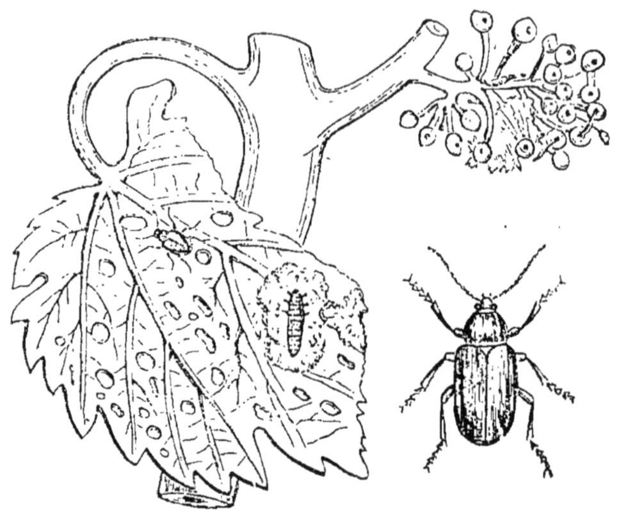

ALTISE LUISETTE.

qui compte jusqu'à cinq générations en une seule saison !

Le plus terrible des *Végétariens* de MON JARDIN, c'est le HANNETON. Celui-là je le livre à toute votre vindicte, ce qui ne veut pas dire à votre cruauté. Ne vous faites plus un jouet de cet hypocrite garnement qu'on croit inoffensif parce qu'il prend l'air d'un lourdaud, mais détruisez-le sans remords; vous ne pourrez jamais lui faire une guerre trop active. Les HANNETONS ne restent avec nous que six se-

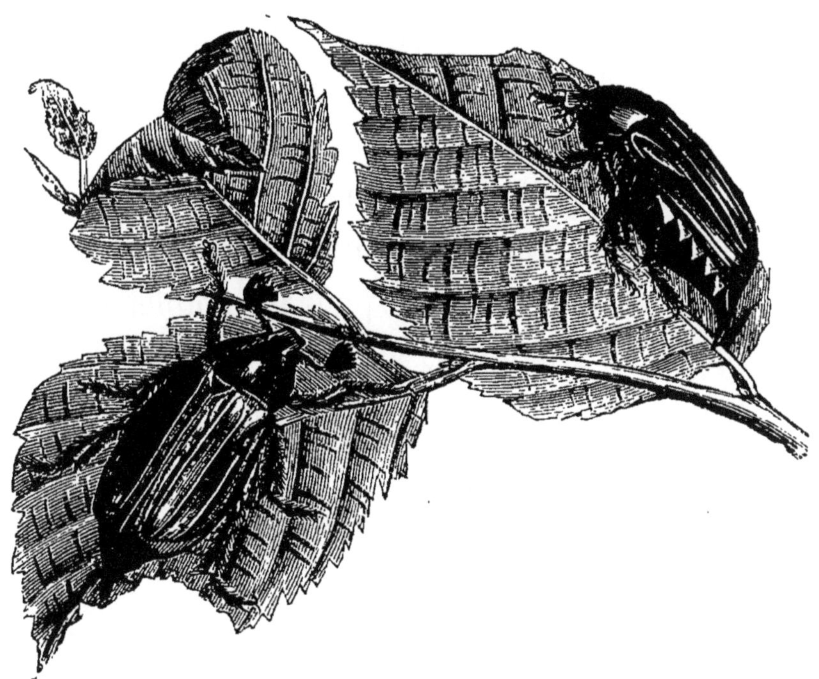

HANNETONS.

maines à peine et c'est déjà bien de trop. Ce temps leur suffit souvent pour ravager des contrées entières. Ce n'est pas tout! ils sont bien autrement redoutables dans la fosse profonde où ils attendent à l'état de larves leur future existence d'INSECTES parfaits. INSECTES parfaits, quelle ironie! Ils sortent de terre à la fin d'avril ou au commencement de mai et vivent jusqu'à la mi-juin. Suspendus pendant l'ardeur du jour à l'envers des rameaux et des feuilles dans une sorte d'engourdissement, ils offrent alors une belle occasion de s'en débarrasser. Il suffit de secouer les branches pour les voir tomber comme des noix qu'on chable. On peut les ramasser soit pour les donner en pâture à la volaille et aux porcs qui s'en régalent, soit pour les faire bouillir et en obtenir une huile grossière servant à graisser les essieux des voitures. Ces propres à rien sont donc encore bons à quelque chose.

Le soir, les HANNETONS prennent leur volée en bourdonnant, se cognant stupidement à tous les obstacles; aussi leur étourderie est-elle devenue proverbiale. Leur voracité devrait l'être aussi, car ils mangent gloutonnement et le jeu de leurs mandibules produit un bruit qui rappelle celui de la pluie tombant sur le feuillage.

Quand ils ont tout dévoré dans un canton, ils émigrent vers une région florissante, s'abattant de préférence sur les arbres situés à la lisière des champs cultivés et surtout sur les ormes, dont le fruit est appelé dans les campagnes *pain de hannetons*.

Au commencement de juin, les femelles font choix d'un bon terrain, bien fertile, labouré et fumé, facile à fouir, et qui promet une riche alimentation à leur postérité. Elles y déposent une vingtaine d'œufs à une dizaine de centimètres de profondeur. De ces œufs sortiront les affreux *vers blancs*, *turcs* ou *mans*, larves dégoûtantes, mollasses, d'un blanc sale, bien autrement malfaisantes que père et mère. Ces larves, qui doivent acheter le droit de voler un mois par une réclusion souterraine de quatre années, s'enfoncent plus ou moins profondément suivant la rigueur de la saison. Au printemps, elles se rapprochent de la surface du sol en creusant des galeries et s'attaquent à toutes les racines, dévastant les pâturages, les planta-

tions maraîchères, les pépinières et les mois-
sons. Plus elles sont âgées, plus elles sont voraces
et plus elles ont la vie dure : les hivers doux
leur sont très favorables. Elles n'ont pas de plus

LARVES DE HANNETON.

grands ennemis que le froid et les taupes. La
morale de ceci, c'est qu'il faut respecter les
taupes, faire des labours profonds pour mettre
les *mans* à découvert, et hannetonner comme
on échenille au printemps.

Pour avoir une faible idée des ennemis qui
m'assaillent de toutes parts, il faudrait visiter
les gousses des pois, les cosses des fèves, l'in-

térieur des tiges de toutes les plantes légumineuses, les feuilles enroulées, les fruits à
noyaux, les arbres fruitiers et tous les arbres
d'ornement de MON JARDIN. Partout nous
trouverions occupées à l'œuvre de destruction
de petites larves molles, semblables à des vers
blanchâtres, ou de petits INSECTES au front armé
d'une trompe. Tous ces malfaiteurs, parfaits ou
imparfaits, appartiennent à la tribu des CHA-
RANÇONS, famille immense qui ne compte pas
moins de 30 000 espèces connues! C'est un
CHARANÇON qui perce nos pois et nos lentilles;
c'est un CHARANÇON qui sort des noisettes après
avoir dévoré l'amande; c'est un CHARANÇON qui
roule les feuilles de vigne, ronge les bourgeons,
et qu'on exècre dans différents pays sous les so-
briquets de *Cigareur, Bacchus, Coupe-bourgeons;*
c'est un CHARANÇON... je m'arrête, car je n'en
finirais pas. Et si nous passions dans le champ
voisin, vous en verriez bien d'autres!

Tous les INSECTES dont je vous ai parlé jusqu'ici sont rangés parmi les COLÉOPTÈRES, nom

qui signifie *étui* et *ailes*, parce que, au repos, leurs ailes membraneuses, organes particuliers du vol, sont protégées par les *élytres* comme par un étui.

Amis ou ennemis?

Ramassez cette pêche à moitié rongée.

— Ah! quelle horreur! il vient d'en sortir deux gros PERCE-OREILLES. Ils ont couru se cacher sous le fumier qui garnit le pied des espaliers, ces INSECTES sont sales et méchants, ils nous inspirent de la répulsion.

— Sales? non pas! ils s'échappent des fruits et des matières décomposées, comme s'ils sortaient d'un bain de vernis. Méchants? En tous cas, pas pour vous! car la pince qui termine leur abdomen ne peut vous faire aucun mal : c'est plutôt un épouvantail qu'une arme sérieuse. Vous ne partagez pas, je suppose, l'erreur des bonnes gens qui s'imaginent que ces INSECTES s'introduisent dans nos oreilles pour nous dévorer la cervelle. Ce nom de PERCE-OREILLES leur vient pourtant de là et non point de la ressemblance de leur pince avec l'instrument dont les bijoutiers se servent pour percer les oreilles des civilisés qui partagent avec les sauvages le goût des bijoux accrochés aux cartilages. Gourmands? à la bonne heure, voilà une qualification qui convient aux FORFICULES comme les appellent les entomologistes. Vous ne sauriez croire jusqu'où va la voracité de ces êtres faibles et timides. Leur bouche

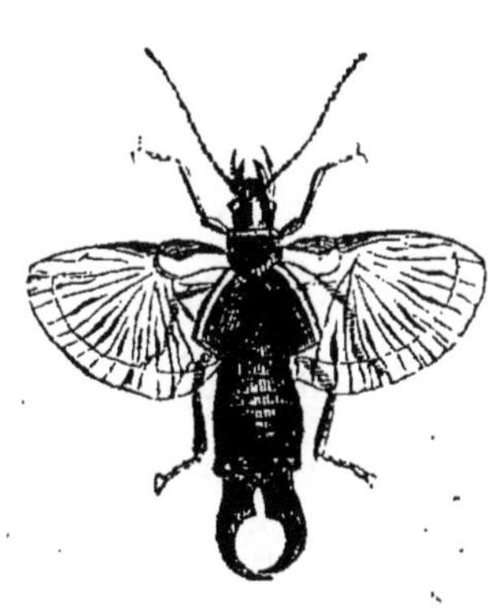

FORFICULE.

est armée de petites meules tranchantes sans cesse en activité et qui ne travaillent pas encore assez vite au gré de leur effroyable appétit. Vous savez par expérience combien ils aiment les fruits; ils n'ont pas moins de prédilection pour les œillets, les dahlias et les roses. A défaut de ces bonnes choses, ils se rejettent sur les ma-

tières végétales décomposées, les bouses desséchées, les tas de fumier et les charognes.
Ils contribuent donc ainsi, dans une certaine
mesure, à notre salubrité.

La prévention que vous avez contre ces curieux INSECTES vous a sans doute empêchés de les
examiner. Je parie que vous n'avez jamais vu
ces ailes délicates et merveilleuses qu'ils tiennent
plissées et repliées sous leurs courts élytres. Il
est vrai qu'ils n'en font guère usage que pour
aller à leurs noces ou pour fuir un danger pres-
sant. Regardez-y de près et, dans cette circon-
stance comme dans beaucoup d'autres, vous
pourrez remarquer que vous ne voyez pas toujours ce que vous avez sous les yeux.

Au rebours de tant d'INSECTES qui abandonnent leurs œufs aussitôt la ponte, les FOR-
FICULES ont pour les leurs des soins intelligents.
Les femelles les couvent; elles les transportent
çà et là suivant le degré de chaleur et d'humi-
dité qui leur convient ou suivant le plus ou moins
de sécurité que leur inspire le lieu. Une fois les

petits éclos, elles les rassemblent entre leurs pattes comme une poule rassemble ses poussins. Ces petits sortent de l'œuf bien faibles, quoique avec la forme des adultes; aussi, jusqu'au moment où ils acquièrent la force que leur donne leur accroissement qu'accompagnent des mues successives, la mère pourvoit à leurs besoins en allant à la chasse pour eux et en leur apportant des pucerons. En reconnaissance de ces soins touchants, ils s'empressent de croquer cette bonne mère aussitôt qu'elle vient à mourir. Du reste on a, chez les FORFICULES, l'habitude de se manger en famille, les faibles servent de pâture aux forts. Et pourtant! ils sont en apparence sociables. On les trouve toujours sous les pierres, la mousse, ou l'écorce des vieux arbres réunis en petites compagnies. Quand on les découvre et qu'ils sont soudain débusqués par la lumière trop vive, c'est un sauve-qui-peut général. Cet amour des ténèbres rend leur capture facile. Après s'être bien repus, ils viennent inconsidérément se ré-

fugier dans les cornets de papier, les pots rem-
plis de mousse, et surtout dans les sabots de
pieds de mouton ou de porc que je leur offre
comme abris et qui ne sont que des pièges. Je
les surprends ainsi au gîte et je les porte vite à
mes poules, qui s'en régalent à bec que veux-tu.
Je me garde bien de les jeter à l'eau, car je sais
qu'ils nagent très bien.

— Que de petits trous dans la terre! le sol en
est criblé. Ce sont sans doute des trous de
GRILLONS.

— En êtes-vous bien sûrs? Essayons d'attirer
ces ermites hors de leurs retraites en leur pré-
sentant ce fétu de paille. Si ce sont des GRIL-
LONS, ils ne manqueront pas de s'en saisir avec
leurs mandibules. Mais, vous le voyez, ce ne
sont pas des GRILLONS. Je l'avais bien deviné à
l'aspect de ces petits terriers qui se détachent en
pelotes isolées. Non, il n'y a pas là de GRILLONS;
ces logis sont plus mal fréquentés. Allez à la maison chercher un peu d'huile et de l'eau chaude,
nous saurons bientôt à qui nous avons affaire.

Versez quelques gouttes d'huile dans ce trou et remplissez-le aussitôt avec l'eau chaude. Il est à croire que l'habitant dont les stigmates ont été en partie bouchés par l'huile, ne pouvant plus respirer à l'aise, cherchera à éviter l'asphyxie et l'inondation.

— Oh! l'étrange bête! avec ses grosses pattes élargies en battoirs et ses longues antennes, elle ressemble à une écrevisse à moitié dépouillée. Quelle pataude! elle essaye de voler et retombe lourdement; elle veut sauter et ne réussit qu'à faire des culbutes. Nous n'avons jamais vu ces Insectes, ils sont donc bien rares?

— Cette prodigieuse quantité de trous vous prouve malheureusement le contraire; seulement ils restent blottis chez eux tout le jour et ne sortent la nuit que par un temps sec. On les appelle Courtilières, d'un vieux mot français *courtil*, qui signifie jardin, parce qu'ils fréquentent de préférence les jardins bien cultivés où la terre, souvent remuée, est plus facile à fouir. On les appelle encore Grillons-Taupes ou Taupes-Grillons, à cause d'un air de famille avec le Grillon et à cause de leurs mœurs supposées analogues à celles des Taupes. Voyez ces larges pattes antérieures : ne vous semblent-elles pas d'admirables pelles, destinées à fouiller, à déblayer, à tasser la terre ? Les Grillons-Taupes sont en effet d'habiles mineurs et se construisent un terrier où ils accèdent par plusieurs souterrains. Pour arriver à ce résultat, ils ne se laissent rebuter par aucun obstacle, coupent les racines qui se trouvent sur leur passage si elles sont fines, les percent à jour si elles sont épaisses : ce qui, dans les deux cas, amène l'étiolement des plantes et le plus souvent leur mort.

Les Courtilières sont donc considérées comme un des plus grands fléaux de l'horticulture, bien qu'elles ne soient pas des mangeuses de racines. On a au contraire la preuve qu'elles sont carnassières. Elles se nourrissent des larves qu'elles rencontrent sous terre et se dévorent même les unes les autres. Elles quittent parfois

leurs travaux souterrains pour aller dans les
tas de fumier voisins à la chasse des insectes
qui y fourmillent. Mais peu importe! qu'elles

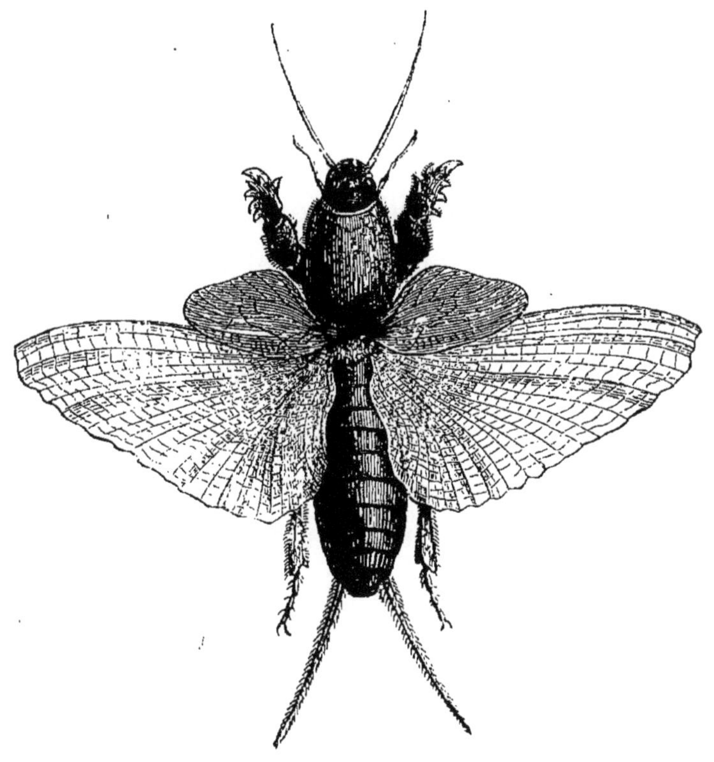

GRILLON-TAUPE.

soient rongeuses ou carnassières, nous savons
qu'elles tarissent la source de vie des plantes
en attaquant leurs racines. Nous devons donc

travailler à leur destruction, les services qu'elles nous rendent ne compensant pas le tort qu'elles nous font.

La Courtilière se retire l'hiver dans son terrier. Au printemps, elle y pond 2 ou 3000 œufs dont l'éclosion aura lieu en automne, mais les petits n'atteindront pas leur entier développement avant la fin de la troisième année.

La Courtilière, le Grillon et le Perce-oreille appartiennent ainsi que la Sauterelle à la classe des Insectes Orthoptères, c'est-à-dire à *ailes droites*. C'est une famille de gros mangeurs, toujours rognant, rongeant, broyant, mastiquant, toujours occupés à remplir leur estomac multiple. Aussi, quand ils s'abattent sur une contrée cultivée, ils n'y laissent que la ruine.

Les petites Pestes de Mon Jardin.

Est-ce par ironie qu'on a donné pour marraine à ces pauvres Pucerons apathiques, sédentaires et doux la plus turbulente, la plus

agile, la plus sanguinaire petite bête de la créa-
tion? N'est-ce pas plutôt parce qu'ils sont
aussi altérés de sève, que la puce est altérée
de sang? Quoi qu'il en soit, les Pucerons sont,
malgré leur extrême chétivité, des individus
dont il faut tenir grand compte. Quels singuliers petits êtres, dodus, pansus, cornus; ha-
billés de vert-pomme, de noir, de blanc, de
rouge, de jaune, de brun, ou de vêtements
bigarrés; montés sur des pattes longues et
grêles; armés d'un suçoir articulé, en forme de
bec; munis de gros yeux proéminents; et ter-
minés par deux longs tubes! Du printemps à
l'automne, vous en trouverez sur tous les végétaux, soit d'une seule espèce, soit de plusieurs
espèces à la fois. Le Puceron du rosier n'est
pas celui du groseillier; celui du réséda n'est
pas celui du géranium et celui du chou n'est
pas celui de la fève. Les Pucerons du hêtre ne
sont pas ceux de l'orme; et ceux du sycomore,
du sureau, du bouleau, du saule, ne sont pas
ceux du pêcher, de l'abricotier, du poirier et du

pommier. En un mot, il y a PUCERONS et PU-
CERONS.

Les plus célèbres et les plus désastreux sont
le PUCERON LANIGÈRE, qui couvre les pommiers
de tumeurs laineuses sous lesquelles il s'abrite,
et le PHYLLOXÉRA. qui cause tant de dégâts
dans nos vignobles. Tous deux nous viennent
d'Amérique. Belle importation! Le premier
menace de nous priver de cidre, le second va
nous priver de vin; espérons que la science et
l'expérience y mettront bon ordre. Dieu merci!
je n'ai ici ni PUCERONS LANIGÈRES ni PHYL-
LOXÉRAS. J'ai déjà bien assez à souffrir des
autres membres de la famille.

Vous vous demandez comment des INSECTES
aussi chétifs que ceux que vous voyez installés
sur les nouvelles pousses de ce rosier peuvent
être un véritable fléau. C'est que leur multipli-
cation est prodigieuse et que le plus petit facteur
multiplié indéfiniment donne un produit co-
lossal. Ces êtres infimes ne mangent jamais,
mais ils boivent toujours; ils constituent de vé-

ritables siphons aspirant sans trêve la sève qui devait porter la vie dans toutes les parties du végétal. Ils déforment les tiges, dessèchent les feuilles et la plante perd sa force vitale ; le peu

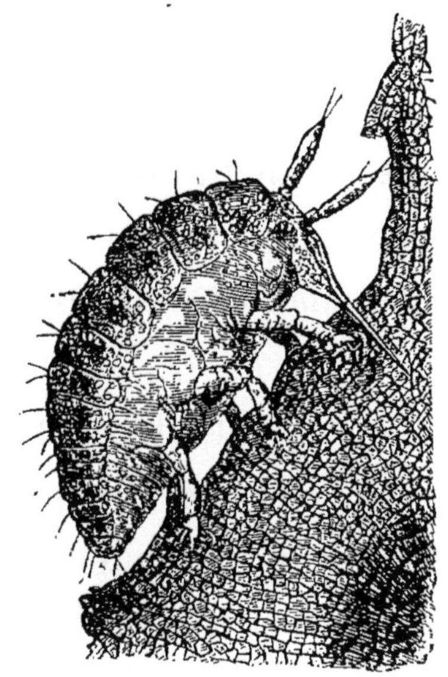

PHYLLOXÉRA SUÇANT UNE RACINE.

de nourriture que lui apportent encore les racines passe dans l'estomac de ces téteurs acharnés ; elle s'épuise, elle s'étiole, elle meurt.

— Qu'est-ce que les PUCERONS font donc de tant de sève ?

— Je vous ai dit qu'ils constituent de véritables siphons. L'excès de suc qu'ils aspirent s'échappe constamment, goutte à goutte, sous forme d'un liquide sucré, des deux tubes de leur abdomen. Ce liquide n'est pas perdu. Destiné à nourrir les jeunes PUCERONS, il est souvent bu par des nourrissons étrangers à la famille. Les fourmis le recherchent avec avidité et s'entendent admirablement à traire, à l'aide de leurs antennes, ces petites vaches d'un nouveau genre.

Elles ne se contentent pas toujours de les traire sur place, elles les emportent dans leurs fourmilières, où elles traitent leurs captives avec le respect dû à la propriété qui rapporte.

Quand on est original, il ne faut pas l'être à demi : c'est le cas des PUCERONS. Leur reproduction est accompagnée de phénomènes étranges qui restèrent longtemps mystérieux; mais aujourd'hui il n'est plus rien qui rebute la patiente sagacité du naturaliste. Une étude approfondie a permis de reconnaître qu'au printemps les femelles sans ailes donnent naissance à de petites femelles *vivantes* aussi et sans ailes ; que onze générations peuvent se succéder durant la belle saison, toujours dans les mêmes conditions. Vers la fin de l'automne, apparaissent des mâles ailés et des femelles ailées. Celles-ci ne mettent plus au monde des petits vivants que le froid et la faim tueraient bien vite ; elles pondent des œufs qui passeront tout l'hiver à l'endroit où elles les auront déposés. Au printemps suivant, il sortira encore de ces œufs des femelles sans ailes qui donneront encore naissance à de petites femelles vivantes et sans ailes pour recommencer la série.

Onze générations ! Savez-vous quel total est obtenu à la fin de la saison, chaque individu pouvant donner naissance à une centaine de petits ? Cela ne donne pas moins de 1 000 000 000 000 000 000 de Pucerons issus d'une même aïeule ! Étonnez-vous donc encore qu'ils détruisent des récoltes entières.

En quittant les Pucerons, je veux encore vous

présenter d'autres HÉMIPTÈRES qui n'ont guère meilleure réputation.

Baissez-vous et cherchez entre les racines de cette bordure de buis, à l'endroit où les feuilles sont jaunies. Vous remarquerez une espèce de salive blanchâtre et mousseuse sécrétée par la PSYLLE DU BUIS, qui se cache dans son vilain crachat pour y accomplir ses métamorphoses. Coupons au sécateur les rameaux malades et faisons-en un feu de joie. On a souvent brûlé des victimes plus innocentes que ces INSECTES qui prennent le nom de *faux pucerons*.

Regardez encore à la naissance des branches de cette viorne une exsudation de même nature que les jardiniers nomment *écume printanière, crachat de coucou*. Abritées par cette mousse liquide, les larves de l'APHROPHORE ÉCUMEUSE accomplissent leur transformation et les INSECTES parfaits s'échappent de là en faisant, en signe de réjouissance sans doute, des bonds de plus de deux mètres.

Voici maintenant l'œuvre d'autres petites *Pes-*

tes, qu'on appelle des Tigres. Ceux-là n'ont rien de commun avec les tigres du Bengale; ils n'habitent pas les jungles, mais ces pauvres poiriers

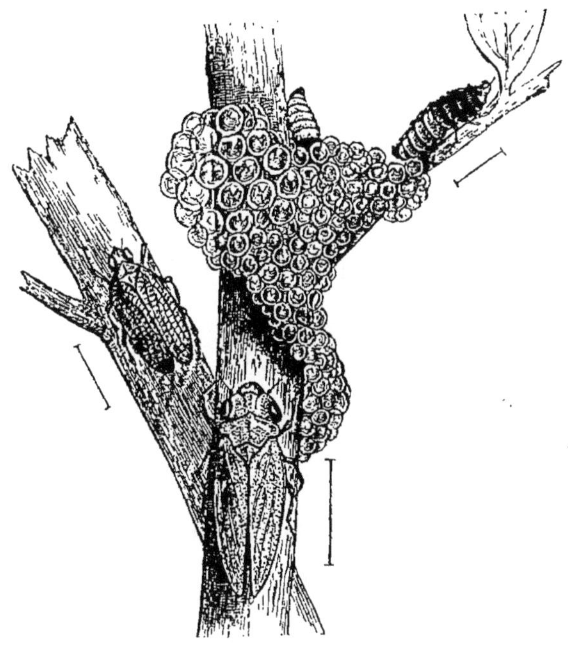

APHROPHORE ÉCUMEUSE.

dont ils ont fait tomber les feuilles. Ces féroces *piqueurs* n'ont guère qu'un millimètre de taille et voyez quelle besogne ils ont faite. Adieu mes poires de Bon-chrétien!

Ce qu'il y a dans une bouteille à Mouches.

Que de bouteilles, que de flacons accrochés au treillage ou suspendus aux branches des espaliers !

— Cé sont des attrape-mouches. Cela vous prouve que je suis dans MON JARDIN sur le pied de guerre et que je me tiens toujours sur la défensive.

Combien de gourmandes se sont laissé prendre au piège, combien sont déjà noyées dans l'eau qui remplit à moitié la bouteille, combien se débattent encore avant de faire le plongeon ! La malice n'est pourtant pas bien grande : un trou pratiqué latéralement, ou tout simplement le goulot resté ouvert, sont enduits de miel ou de confitures et elles se précipitent à l'intérieur. Moins prévoyantes que le Renard de la fable, elles ne disent pas :

> Je vois fort bien comme l'on entre
> Et ne vois pas comme on en sort.

Quelle variété de formes, de dimensions, de couleurs, dans cet amoncellement de morts et de mourants enchevêtrés! Il y a de tout là dedans, même des ABEILLES qui se sont fourvoyées et se sont laissé séduire par un appât qui ne leur était pas destiné. Pauvres ABEILLES! pour les délivrer, il faudrait du même coup rendre la liberté à des forbans dont la capture nous réjouit. Regardons tout cela d'un peu près. Des ABEILLES, je ne vous dirai rien; elles ne rentrent pas dans mon plan; celles que vous trouvez ici en si mauvaise compagnie sont venues de chez mon voisin.

Les individus de grande taille dont le corps velu est rayé transversalement de bandes éclatantes sont des BOURDONS, ainsi nommés à cause du bruit particulier qu'ils font en volant, avec leur trompe qu'il ne faut pas prendre pour une trompette. Les mœurs de ces INSECTES qui vivent en société sont des plus curieuses. A la fin de l'automne, toute la population mâle périt; il ne reste plus dans chaque famille que quelques femelles affolées qui vont se cacher où elles peuvent pour hiberner. Au printemps, elles sortent de leur léthargie et explorent le sol, cherchant un endroit favorable à l'établissement qu'elles doivent fonder. L'ont-elles enfin trouvé, elles fouillent la terre assez profondément, se creusent une chambrette qu'elles tapissent de mousse, qu'elles approvisionnent de pollen et de miel et y pondent quelques œufs. Après avoir mangé la pâtée qui leur avait été préparée, les larves écloses de ces œufs se filent une coque soyeuse pour se transformer en *nymphes* d'où ne sortiront que des *ouvrières*. Ces actives petites personnes se hâtent d'agrandir le nid et de déposer, dans des cellules de cire, un miel très fin destiné à nourrir, pendant les jours pluvieux où l'on ne peut aller butiner, la génération de mâles et de femelles qui doit bientôt éclore. N'était la piqûre de l'aiguillon des femelles, on ne pourrait guère dire de mal des BOURDONS. Ce sont des INSECTES pacifiques qui vivent du suc des fleurs au sein desquelles ils se plaisent si bien, qu'ils s'y oublient, s'y endorment, et passent ainsi la nuit à la belle étoile pendant la chaude saison.

Les BOURDONS ne travaillent pas avec l'art et la régularité des Abeilles ; ils disposent leurs cellules sans aucun ordre apparent. Leurs sociétés sont aussi moins nombreuses et dépassent rarement une soixantaine d'individus. Plusieurs espèces construisent leur nid sous les pierres ou dans la mousse.

Tout à côté de ce gros BOURDON trapu, remarquez cette GUÊPE à la taille svelte et fine, au joli vêtement rayé de jaune et de velours noir. Dans ce petit être élégant et chétif, que de hardiesse et de cruauté sont mises au service de ses appétits ! Gardez-vous de contrecarrer sa gourmandise, son aiguillon venimeux vous en ferait bientôt repentir. Quant à moi, je me préserve comme je puis de son amour trop prononcé pour mes fruits les plus savoureux. Cependant je dois dire que ce maraudeur, armé d'un stylet empoisonné toujours prêt à frapper, me rend quelques services en tuant nombre de mouches dont les larves me feraient bien autrement de tort. Si les GUÊPES entrent souvent à l'office pour goûter à mes assiettes de dessert, je ne m'en plains pas trop, car je sais qu'elles exterminent sans pitié la répugnante *mouche à viande* qui dépose ses larves dans mon rôti.

GUÊPE COMMUNE.

GUÊPE ROUSSE.

Les GUÊPES COMMUNES vivent en société dans un nid caché sous terre. Une seule GUÊPE, une femelle, a commencé au printemps cette œuvre architecturale. Après avoir fait choix d'une galerie ouverte par quelque animal fouisseur, elle fouille le sol à une profondeur qui atteint souvent 60 à 80 centimètres. Avec des fibrilles d'écorce triturées par ses mandibules et amollies par sa salive, elle forme des boulettes qu'elle apporte une à une dans son logis pour le tapisser. Travaillant ferme des mâchoires et des pattes, elle aplatit ce papier mâché en feuillets minces, couche sur couche, comme un maçon qui étend son enduit à la truelle, sauf qu'elle travaille toujours à reculons et sans perdre de vue l'ouvrage accompli. Au rebours des procédés employés par nos ouvriers, les étages supérieurs sont construits et habités les premiers, le rez-de-chaussée n'est édifié que plus tard.

La GUÊPE ROUSSE, de plus petite taille, se construit, avec de semblables matériaux, un nid qu'elle suspend aux branches de quelque arbuste. Vous aurez peut-être aperçu, sans en faire grand cas, un de ces nids globulaires, enveloppé de papier gris — de vrai papier sur lequel on pourrait écrire. — Avez-vous jamais ouvert un de ces nids? Je ne vous conseillerais pas de tenter l'expérience en plein été, il pourrait vous en cuire de tomber ainsi, sans métaphore, dans un vrai *guêpier* et dans un guêpier habité.

Mais, à la fin de l'automne, si vous trouvez un de ces nids que les hôtes irascibles aient aban-

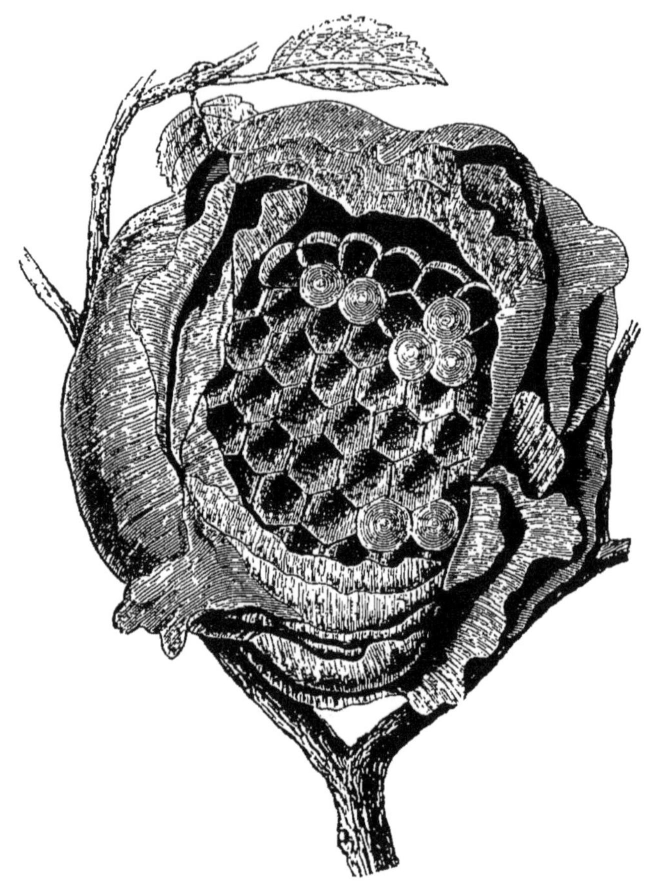

NID DE LA GUÊPE ROUSSE.

donné sans espoir de retour, pour se disperser, ne le quittez pas avant d'en avoir examiné et admiré la structure. Vous apercevrez un nombre considérable de petites cellules hexagonales, bien alignées, disposées en étages séparés par de délicats piliers de soutènement.

A la fois architecte et nourrice, la fondatrice du *guêpier* a mis au monde des *ouvrières* qui l'ont aidée à agrandir le nid commencé par elle, puis des *mâles*, puis des *femelles*, puis encore des *ouvrières*. Si bien que la population d'une de ces tribus peut s'élever à plusieurs milliers d'individus. Tout ce petit monde affairé vit en bonne harmonie. Tous coopèrent à la prospérité générale, chacun remplit les fonctions qui lui sont destinées, soit en travaillant à domicile, soit en allant travailler au dehors. A l'entrée de l'hiver, tout meurt, sauf quelques femelles qui abandonnent ce logis confortable pour aller s'engourdir dans la crevasse d'un vieux mur. Vienne le printemps, elles renaîtront pour fonder une nouvelle colonie.

Vous prenez peut-être pour une grosse Guêpe cet INSECTE roussâtre qui porte une tache jaune entre les antennes. Ce n'est pas une Guêpe proprement dite, c'est un FRELON. Le FRELON est un mauvais drôle vivant de meurtre et de rapine. Incapable de fabriquer le miel dont il est friand, il s'introduit dans les ruches, qu'il dépouille et dévaste. Les Abeilles n'ont pas de plus grand ennemi.

Armés d'un aiguillon terrible qui verse dans les plaies qu'il fait un poison redoutable, les FRELONS sont aussi braves que cruels et s'attaquent même à l'homme. Ils n'abandonnent pas volontiers le combat et ne sont que rarement vaincus. Malheur à l'imprudent curieux qui voudrait considérer de trop près les FRELONS dans l'intimité de leurs affaires de ménage, surtout s'il n'a pas dans sa poche un flacon d'alcali volatil pour panser les cruelles blessures qu'il en recevrait!

C'est dans les troncs d'arbres vermoulus, dans les greniers, aux encoignures des fenêtres, que les FRELONS construisent leur refuge. C'est un nid papyracé, arrondi, recouvert d'une

espèce de toiture abritant une ou deux rangées
de cellules. Ce nid est suspendu par un pédicule,
comme une poire accrochée par la queue.

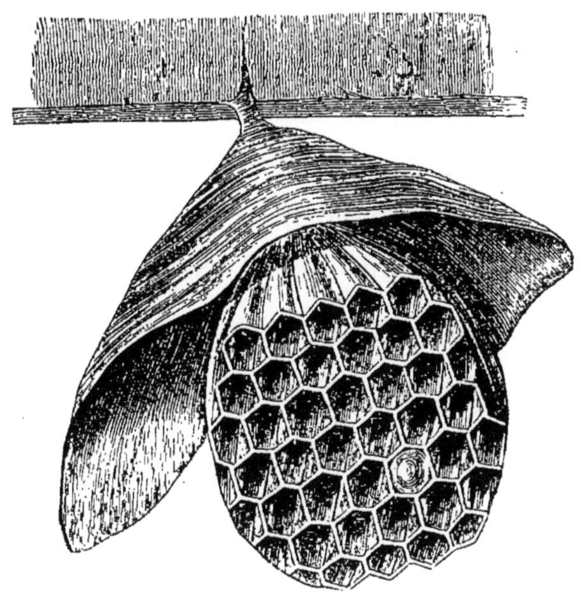

NID DE FRELONS.

Les FRELONS ne rentrent au gîte la nuit que
par le temps incertain. Pendant les belles nuits,
ils continuent à chasser au clair de lune, profi-
tant de l'heure indue pour faire leurs plus mauvais coups.

Voyez toutes ces FOURMIS qui vont et viennent

au dedans et au dehors de ces bouteilles. Est-ce que, malgré la différence de dimension et de couleur, vous ne leur trouvez pas une certaine ressemblance avec les Guêpes? Quoique bien inférieures en taille aux Guêpes et aux Frelons, elles peuvent être considérées comme un fléau plus redoutable. Elles n'ont pas d'aiguillon, soit ! mais elles possèdent un suçoir infatigable. Elles envahissent tout et passent souvent du jardin à la maison, où elles vont goûter à mes provisions, auxquelles elles communiquent une odeur d'acide formique qui ne me donne pas envie de manger leurs restes. La voracité de ces bandes pillardes est désintéressée. Ce n'est point pour leur satisfaction personnelle que les FOURMIS se gorgent de douceurs, c'est pour aller donner la becquée aux larves insatiables qui peuplent la *Fourmilière*. Ces larves blanches et ovoïdes, connues vulgairement sous le nom d'*œufs de Fourmis*, sont très recherchées pour l'alimentation des jeunes faisans et des perdreaux.

Que ne puis-je vous entretenir plus longuement de cet admirable peuple des FOURMIS ! Que
ne puis-je vous faire pénétrer dans une de ces
fourmilières qui n'offrent aux regards distraits
que d'informes tas de terre meuble et qui constituent pourtant des cités souterraines distri-
buées d'après des plans savamment conçus !
La population est composée de *femelles* dont
le rôle exclusif est de pondre, de *mâles* qui
ont l'air de ne s'occuper de rien et d'*ouvrières* à qui revient toute la besogne. Ces
braves petites *ouvrières* sont à la fois les con-
structeurs, les soldats et les nourrices de la
colonie. Elles prodiguent aux larves et aux
nymphes les soins les plus tendres. Elles procèdent à la toilette de leurs nourrissons, les
promènent, les gavent à la façon des oiseaux
qui donnent la becquée à leurs petits. La nuit,
elles les descendent dans les parties les plus
chaudes de la *fourmilière* ; le jour, elles les ex-
posent aux caresses bienfaisantes du soleil. En
cas d'attaque, les *ouvrières* deviennent de vail-

lantes amazones qui défendent bravement leur petite citadelle après avoir mis à l'abri, au fond des souterrains, les larves et les nymphes, objets de leur amour et de leur sollicitude. Faut-il émigrer, elles les emportent sur leur dos, ainsi que les malades et les infirmes qui risqueraient de mourir de faim.

Les FOURMIS font-elles des provisions? Ce fait est prouvé pour certaines espèces, qui n'en sont que plus nuisibles. Mais si les FOURMIS sont prévoyantes, elles sont surtout très sobres et peuvent endurer de longs jeûnes quand un printemps hâtif les tire de leur engourdissement hibernal.

Les Abeilles, les Bourdons, les Guêpes, les Frelons, les Fourmis, sont rangés parmi les HYMÉNOPTÈRES SOCIAUX. Le mot sociaux se comprend. Celui d'hyménoptères signifie : *ailes membraneuses.*

Les Papillons.

Asseyons-nous autour de cette table, sur laquelle j'ai placé les cadres vitrés enfermant les PAPILLONS attrapés dans MON JARDIN, et causons.

Vous avez élevé des *Vers à soie* et vous savez ce qu'on entend par *œufs*, *chenilles* et *chrysalides*. Je ne m'attarderai donc pas à des descriptions et à des explications qui ne sont pas indispensables pour vous. Laissez-moi seulement vous rappeler que, si le PAPILLON se contente pendant sa courte vie aérienne de humer du bout de sa trompe le suc parfumé des fleurs, il n'en est pas de même de ses larves. C'est à l'état de *Chenilles* que les LÉPIDOPTÈRES — nom scientifique des PAPILLONS — sont redoutables pour l'horticulture. On trouve les *Chenilles* partout; les unes s'isolent à l'intérieur de feuilles enroulées et plissées, d'autres se rassemblent en paquets grouillants, d'autres encore se réunissent en sociétés nombreuses dans des hamacs de soie qu'elles se sont tissés. Les *Chenilles*, dont la voracité est proverbiale, ne vivent que pour manger et gruger. A peine ont-elles envahi un arbre, qu'elles l'ont aussitôt dépouillé. Ces féroces gourmandes peuvent consommer chaque jour, en nourriture végétale, plus de deux fois leur propre poids. Songez donc, si nous en faisions autant!

Au moment où vos *Vers à soie* se préparaient à se transformer en *chrysalides*, ils perdaient l'appétit, puis se filaient un cocon, dans lequel ils s'enfermaient discrètement pour accomplir leur métamorphose. Toutes les *Chenilles* ne se comportent pas ainsi. Il en est dont les *chrysalides*, restées nues, attendent, suspendues avec un art admirable par des fils de soie, l'heure de la résurrection glorieuse. Mais revenons aux Papillons de Mon Jardin.

— Ce beau Papillon dont les ailes intérieures se prolongent en queue nous est bien connu. Nous l'avons souvent pourchassé pour le crucifier sur un bouchon.

— Comment l'appelle-t-on ?

— C'est le *Machaon*, qui fréquente nos jar-

MACHAON.

dins au printemps et à l'automne Sa chenille vit sur les feuilles de carotte, où elle s'attache pár un fil pour n'être pas enlevée par un coup de vent. Lorsqu'on l'irrite, elle fait sortir de a

tête deux espèces de petites cornes en forme
de V qui ne sont pas fort menaçantes.

— Et tous ces PAPILLONS blancs, rayés ou
tachetés de noir? Ils sont aussi très communs.
Nous les voyons jouer et tournoyer, tout l'été,
par couples, ce qu'imitent si bien les papillons
en papier de riz qu'anime en l'air l'éventail du
Japonais.

— Ce sont les PIÉRIDES, qui vivent surtout
aux dépens des plantes potagères. Vous avez
souvent admiré la chenille de la *Piéride du
Chou*, vêtue de vert, coiffée de bleu, marquée
de petits grains de beauté noirs. A cette famille appartient aussi le *Gazé* aux ailes trans-
parentes comme la gaze. Linné l'a justement
surnommé la *peste des jardins*.

Ces PAPILLONS délicats qui ont les ailes inférieures échancrées sont les *Thécla*, dits aussi
Petits-porte-queue. Ils sont verts, bruns, bronzés ; ou bleus comme les *Azurins*, suivant les
espèces. Leurs chenilles vivent sur le bouleau,
le chêne, le prunellier, la ronce et les plantes

légumineuses. Elles sont apathiques ; mais si elles répugnent au mouvement, le manque d'exercice ne leur fait pas perdre l'appétit.

La famille des VANESSES renferme les plus

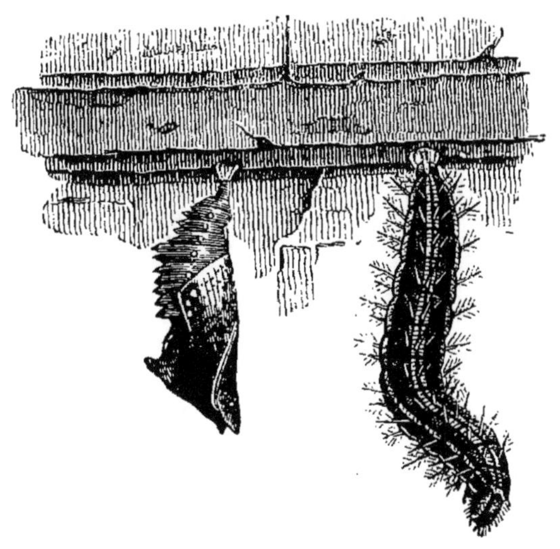

brillants échantillons de ma collection. Je suis fier de vous faire admirer la *Grande* et la *Petite Tortue*, dont les chenilles épineuses et les chrysalides se suspendent la tête en bas. Le *Paon du jour* ou *Œil de Paon* ou *Vanesse Io*, remarquable par les *yeux* qui ornent ses quatre ailes; le *Vulcain*, qui semble une flammèche échappée de la forge du dieu forgeron; la *Belle-Dame*, élégamment vêtue de couleurs variées; le *Robert-le-Diable*, aux ailes étrangement découpées. Au moment de passer à l'état de chrysalides, ces VANESSES rejettent un liquide épais et rougeâtre; et quand elles se trouvent en grand nombre dans un même lieu, il en résulte une véritable *pluie de sang*. Vous pensez bien qu'un pareil phénomène n'a pas manqué de jeter l'épouvante dans le monde ignorant des superstitieux.

Vous voyez encore là quelques jolis spécimens de SYLVAINS et de SATYRES, tels que le *Petit-Mars* aux reflets irisés et le *Demi-deuil* vêtu de noir et de bleu. Les chenilles des SATYRES se terminent en queue de poisson; elles passent la nuit à table et se reposent le jour.

Dans cet autre cadre nous trouverons de grands et beaux PAPILLONS, velus qu'on appelle des SPHINX à cause de l'attitude de leurs chenilles qui se tiennent longtemps immobiles, à moitié redressées comme on représente le Sphinx de la fable. Les SPHINX sont dits *Papillons crépusculaires*, parce qu'ils apparaissent au coucher du soleil; ils volent avec une extrême rapidité et un léger bruissement d'ailes. Je vais vous les énumérer dans l'ordre où je les ai rangés, en leur donnant, ainsi qu'on a coutume de le faire, le nom des plantes que fréquentent leurs chenilles.

Voici le *Sphinx du caille-lait*, appelé encore *Moro-Sphinx* et aussi *Sphinx moineau* à cause de la petite queue plumeuse qui termine son abdomen. Il a une façon élégante de boire au sein des fleurs en se tenant à distance, sans se poser, comme s'il craignait de les accabler de son poids, et se soutenant en l'air par la vibration constante de ses ailes. Il recourbe sa longue trompe à angle droit et la plonge au fond du calice qui recèle le nectar qu'il aime.

Ce beau PAPILLON rose vif est le *Sphinx de la vigne*, dont la chenille a reçu l'humiliant sobriquet de *Chenille cochonne*, parce que sa tête peut s'allonger en forme de groin.

Cet autre, dont les ailes supérieures longues et étroites sont d'un gris rosé et les ailes inférieures striées de noir et de rose, est le *Sphinx du troène*. Sa belle chenille vert-pomme, rayée obliquement de violet et de blanc, mérite mieux que toute autre l'appellation de Sphinx.

— Et ce gros PAPILLON sur le dos duquel se dessine quelque chose comme un crâne humain?

— C'est le fameux *Sphinx à tête de mort* ou *Atropos*, le géant de la famille. Vers la fin de l'été, entre quatre et sept heures du soir, il se décide à quitter le terrier où il est resté long-temps à l'état de chrysalide. Cet énorme cré-pusculaire se fourvoie souvent, pendant les soi-rées d'automne, dans les appartements éclairés dont les fenêtres sont restées ouvertes. C'est ainsi que celui-ci a été capturé. La forte taille du *Sphinx Atropos*, son vol robuste, la tête de mort figurée sur son corselet, le *chant* lugubre

qu'il fait entendre, ont souvent frappé les es-
prits timorés. Ce gros PAPILLON est tout à fait
inoffensif pour nous; il n'a d'autre défaut que

SPHINX ATROPOS.

d'aimer trop le miel, et il en est bien puni, car
les abeilles, chez qui il s'introduit, ne se laissent pas intimider par son aspect formidable et

lui font durement expier son indiscrète gourmandise.

Dans la famille des BOMBYCIDES, nous re-
marquerons le *Grand Paon de nuit*, le plus
grand PAPILLON d'Europe. Quand vous trouverez une magnifique chenille vert-émeraude,
incrustée de turquoises, enfermez-la avec précaution dans une boîte; elle ne tardera pas à
filer un cocon brun, extrêmement résistant,
dans lequel elle restera enfermée jusqu'au
printemps suivant; vous verrez alors en sortir
le *Grand Paon de nuit* et vous le garderez en
captivité.

C'est parmi les BOMBYX qu'il faut encore
ranger les *Livrées*, qui causent tant de dom-
mage à nos arbres fruitiers; les *Processionnaires*,
qui, chaque soir, quittent le nid commun pour
aller se promener processionnellement; les *Li-
paris*, dont la femelle s'arrache le poil de l'abdomen pour faire un édredon à ses œufs;
l'*Orgye antique*, dont la femelle n'a que des
rudiments, des moignons d'ailes; l'*Orgye pu-*

dibonde, dont les femelles affamées se repaissent de tous les feuillages.

Voici maintenant des NOCTUELLES au corps massif. Puis des PHALÉNIENS, PAPILLONS NOC-

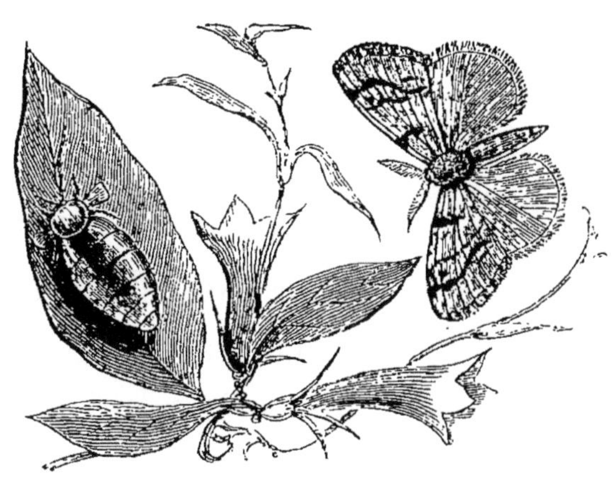

ORGYE ANTIQUE.

TURNES dont les *chenilles arpenteuses* ou *géomètres* semblent mesurer le terrain en marchant. Elles ont la faculté de rester longtemps immobiles dans les attitudes les plus pénibles, semblables à des brindilles de bois mort.

Terminons notre rapide revue par les PYRALIENS, ces jolis PAPILLONS mignons et fragiles, qui viennent étourdiment, le soir, se brûler à nos lumières. On les confond sous le nom générique de *Teignes*. Leurs chenilles prennent le soin de rouler les feuilles pour festiner en paix, ou vivent à l'intérieur des fruits qui sont dits *véreux;* elles dévastent les vignes, s'introduisent dans les ruches, où elles

ADÈLE.

minent les galeries de cire et font écouler le miel; enfin ce sont de jolies petites malfaisantes. Nous donnerons le prix de la grâce et de la beauté aux *Adèles*, qui apparaissent sous le microscope vêtues de velours, de plumes, de satin et de pierreries. A l'œil nu, on dirait de petits fragments d'arc-en-ciel.

LES MILLE-PIEDS

ET LES VERS DE TERRE.

Écartez l'écorce de ce vieux tronc d'arbre à moitié pourri, vous y dépisterez de petits animaux vermiformes, inertes, roulés en boule. Si vous les touchez, ils n'essayeront pas de fuir. Leur plus habile manœuvre sera de se laisser choir ou d'empester votre main au moyen d'une viscosité inoffensive qui suinte de toutes les parties de leur corps. Ces animaux, qu'on appelle des YULES, mènent une existence obscure et cachée et c'est ce qu'ils ont de mieux à faire, car ils sont laids et répugnants. A leur naissance, les Yules ressemblent à une petite graine de haricot. Huit jours après, ils subissent une première mue et sortent de leur enveloppe primitive ornés de trois paires de pattes; à la seconde mue, ils possèdent sept paires de pattes; à la troisième, vingt-six paires de pattes; à la

quatrième, trente-six paires de pattes ; à la cin-
quième, quarante-trois paires de pattes ! Et
pourquoi tant de pattes, est-ce donc pour courir
au bout du monde ? Pauvres YULES ! leur allure
est si lente qu'ils semblent ramper, comme
si cette quantité prodigieuse d'organes loco-
moteurs était pour eux plutôt un embarras
qu'un secours.

Les YULES ne vivent que de substances
végétales. Ils ne respectent pas toujours les
fruits de nos jardins, mais ils s'attaquent de
préférence aux fraises et à la chicorée.

Soulevez maintenant ces pots à fleurs rangés
en piles dans un coin humide du potager. Vous
serez surpris de voir de petits animaux bizarres
se sauver à toutes jambes avec une extrême
rapidité. Ils appartiennent pourtant à la même
classe que les Yules. Ces animaux effarés sont
des SCOLOPENDRES. Si vous aviez pu en arrêter
une au passage, vous auriez eu le loisir de
remarquer que son corps déprimé est composé
de nombreux segments, que chaque segment

ou anneau est pourvu d'une paire de pattes terminées par un crochet simple et qu'une dernière paire, très allongée et rejetée en arrière, prenait l'apparence d'une queue fourchue. La bouche est armée de mâchoires puissantes et de deux crochets recourbés qui sont des armes redoutables, mais non pas pour vous. Chaque crochet renferme un sac rempli d'un poison

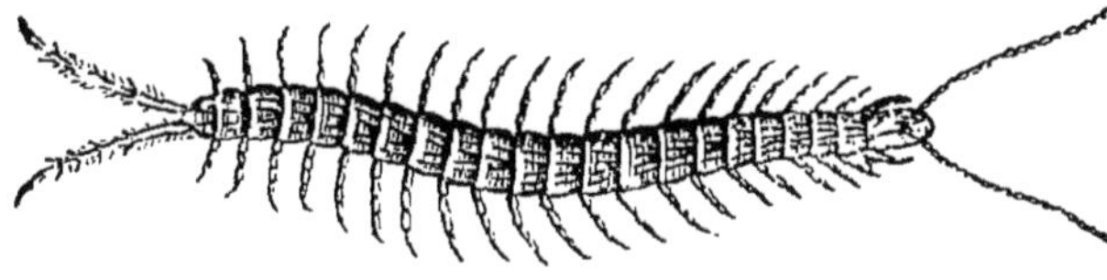

SCOLOPENDRE.

violent qui s'écoule à la volonté de l'animal par un petit orifice percé à la pointe. C'est dire que les SCOLOPENDRES sont carnassières et féroces. Douées d'une extrême rapidité de locomotion, elles font la nuit une chasse active aux vers de terre, aux insectes, aux araignées. Elles les saisissent avec leurs pattes de derrière et, pendant qu'elles les tiennent bien, leur inoculent le venin qui les tue.

Les Yules et les Scolopendres appartiennent à la classe des Myriapodes. Ce nom, dont l'équivalent vulgaire est *Mille-pieds*, caractérise leur conformation.

Le Ver de terre, lui, n'a point de pieds. Des soies raides, plantées dans sa peau, sont les seuls moyens de locomotion et les seuls outils dont il dispose pour ramper à la surface du sol et pour s'enfoncer dans ses profondeurs. Ces animaux articulés habitent la terre humide, où ils restent volontiers cachés le jour. On ne les voit guère en hiver, la belle saison paraît les ranimer. Ils pondent alors des œufs d'où sortent plusieurs petits qui ne subissent pas de métamorphoses.

Vous avez vu maintes fois les tronçons d'un Ver de terre s'agiter longtemps après la vivisection. En effet, couper un Ver de terre en morceaux, ce n'est pas le détruire, c'est le multiplier. Les parties amputées se reproduisent et chaque tronçon devient à la longue un animal complet.

On a prétendu que les VERS DE TERRE, ou LOMBRICS, causent de graves dommages aux végétaux, mais ils sont aujourd'hui réhabilités. Les légers dégâts qu'ils commettent en trouant les racines qui se trouvent sur leur passage sont

VER DE TERRE.

plus que compensés par les services qu'ils nous rendent. En divisant la terre, ils la rendent plus meuble, plus accessible à l'eau, à l'air, à la chaleur, et par conséquent plus féconde. Vous ne les aviez jusqu'ici considérés que comme des animaux funestes, bons à donner aux poules ; vous saurez maintenant que ce sont d'habiles auxiliaires de l'agriculture.

LES ARAIGNÉES

Allons contempler les merveilleuses petites fées qui sont partout en activité dans MON JARDIN. Je veux vous parler des ÉPÉIRES, ces gentilles filandières que vous pouvez voir à l'œuvre entre les rameaux de ce buisson.

— Comment ! c'est avec cet enthousiasme que vous parlez des vilaines ARAIGNÉES ?

— Prenez cette loupe sans laquelle je ne m'aventure jamais dans MON JARDIN et regardez attentivement ce petit corps sombre et roussâtre qui vous paraît si laid. Vous le trouverez couvert de poils frangés comme des plumes, d'une propreté et d'une netteté incomparables, car les ARAIGNÉES ont grand soin de leur personne. Vous apercevrez sur toute la tête des petits yeux brillants qui permettent de voir à la fois dans toutes les directions. Admirez aussi les outils de ces ouvrières, c'est-à-dire leurs pattes terminées par deux crochets, l'un simple, l'autre fourchu. Celui-ci sert à débrouiller les fils, celui-là sert à les entraîner, car on ne saurait trouver de meilleures fileuses et de tisserands plus habiles que les ÉPÉIRES. La perfection et la régularité avec laquelle elles construisent leur toile, leur ont fait décerner le surnom d'*Araignées géométriques*. Vous pouvez les épier dans leurs travaux, elles ne se gêneront pas pour vous.

Les ÉPÉIRES vivent dans leur toile, accrochées par les griffes, le corps renversé. C'est ainsi qu'elles attendent la proie que le vent leur apportera et les mouches étourdies qui viendront se prendre dans leurs filets. Les plus petites espèces n'habitent pas leur toile, mais une retraite voisine, dans laquelle elles emportent un fil relié au grand réseau; c'est une espèce de cordon de sonnette qui les avertit qu'un visiteur involontaire les attend au garde-manger.

Chez toutes les autres espèces d'Araignées les femelles sont inférieures aux mâles en force physique et en vigueur morale. Chez les Épéires, les femelles sont des mégères intraitables ; souveraines maîtresses du logis, elles y règnent en despotes, et, à la moindre querelle, mettent leurs maris à la porte, quand elles ne les croquent pas pour vider le différend !

Les Araignées vivent d'insectes. Elles laissent les petites proies se débattre jusqu'à épuisement, elles s'approchent avec circonspection des grosses, les emmaillottent de fil et, quand elles sont sûrement garrottées, les emportent dans un endroit propice à un bon repas solitaire. Je vous ai déjà longuement parlé de leurs mœurs et de leurs travaux[1].

Vous pourrez rencontrer ici et ailleurs de petites Araignées chasseresses d'insectes qui ne filent point de toiles : ce sont les Lycoses.

1. Voir Les Animaux étranges.

Elles emportent partout le précieux cocon qui renferme le trésor de leurs œufs, guident leurs petits dans le choix de leur nourriture et les

ÉPÉIRE AU MILIEU DE SA TOILE.

transportent à dos quand ils sont fatigués. Si les ARAIGNÉES sont en général des épouses revêches, elles sont, en revanche, des mères incomparables.

LES MOLLUSQUES

Remarquez ce ruban argenté qui brille au soleil en rayant le sable de l'allée. C'est la viscosité séchée d'une LIMACE qui a traversé là cette nuit pour aller de cette bordure de lierre, où elle est certainement revenue se cacher pendant l'ardeur du jour, à ce carré de laitues dans lequel elle aura fait bombance. Si les LIMACES n'ont qu'une seule mâchoire en forme de croissant dentelé, on peut bien dire que leur voracité la fait travailler comme quatre. On a peine à s'imaginer comment des animaux nus, mous, sourds, peut-être aveugles, et en apparence apathiques, puissent causer de si grands dégâts dans les jardins et les potagers. Au printemps, les LIMACES sortent de la terre où elles ont passé l'hiver dans un engourdissement complet et, après avoir si longtemps jeûné, elles ont l'estomac creux et l'appétit féroce. Aussi dévorent-elles à plaisir les jeunes pousses des

arbres et les plantes qui commencent à germer.
Du reste, elles ne sont pas moins redoutables à
l'automne quand elles viennent goûter avant
nous les fruits de nos espaliers, sur lesquels
elles laissent la trace de leur bave glutineuse.

Les LIMACES aiment les lieux sombres et

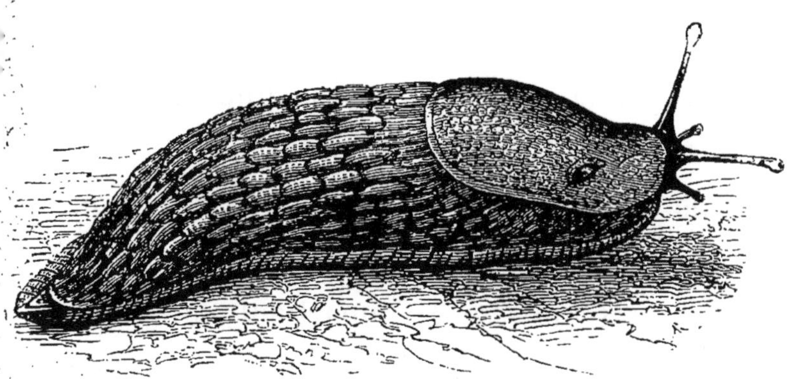

LIMACE.

humides, elles se retirent au frais pendant le
jour et sortent de préférence le soir et le matin
pour aller festiner. Après une pluie d'orage elles
quittent volontiers leurs retraites pour se mettre
en quête des matières végétales décomposées
que la pluie a détrempées. Je ne manque
jamais de les surprendre dans cette promenade

rafraîchissante et j'en détruis alors un bon nombre.

Si vous avez jamais épluché de la salade, vous n'aurez pas manqué d'y trouver, collées aux feuilles, de petites LIMACES grises, pointillées de noir, toutes gluantes de la viscosité que sécrète leur peau. Quoique toutes petites, ces LIMACES AGRESTES, que vous appelez des *Licoches*, n'en sont pas moins une mauvaise engeance, très funeste à la culture.

Tous vous connaissez le COLIMAÇON; vous l'avez martyrisé plus ou moins en l'invitant *à montrer ses cornes*. Il appartient comme la Limace à la classe des MOLLUSQUES GASTÉROPODES (de *gaster*, ventre, et *pous*, pied), ainsi nommés parce qu'ils n'ont d'autre organe de locomotion qu'un disque charnu placé sous le ventre.

La Limace est nue, le COLIMAÇON est *testacé*. Il ne quitte jamais sa coquille *univalve*, soit qu'elle abrite entièrement son corps, soit qu'elle ne le protège qu'en partie. Tout son corps est rétractile. Il peut s'ensacher lui-même, rentrer ses tentacules dans sa tête, sa tête dans son cou, son cou dans son *manteau* et le tout dans sa coquille. Les COLIMAÇONS jouissent de précieux privilèges : non seulement ils se guérissent promptement des blessures qu'on leur fait, mais ils reproduisent des parties entières de leur corps quand on les a mutilés. Que cette révélation ne soit pas pour vous un encouragement à faire souffrir ces pauvres bêtes.

On trouve parfois entre les fibres de l'écorce des arbres, sur les feuilles, au pied des végétaux, de petits corps pierreux, ronds et blanchâtres qui ne sont autre chose que des œufs de COLIMAÇON. Les petits en sortent portant déjà sur le dos un rudiment de la coquille, qu'ils agrandiront au fur et à mesure de leur accroissement, car les COLIMAÇONS, ESCARGOTS, LIMACES, ou HÉLICES, construisent eux-mêmes leur coquille. Avant de s'engourdir pour la saison rigoureuse, ils s'enferment chez eux en étendant sur l'ouverture de la coquille une matière cornée, translucide, qui leur sert aussi à se coller contre quelque corps solide : de sorte qu'ils sont parfaitement clos et couverts.

Les COLIMAÇONS ont les mêmes mœurs que les limaces et sont comme elles des déprédateurs des bonnes choses de nos potagers et de nos vergers. Quelques personnes vantent le goût des ESCARGOTS de jardin, moi je les offre à mes poules et à mes canards.

Ai-je réussi à vous intéresser aux hôtes de MON JARDIN ?

Je n'ai pas la prétention de vous les avoir fait connaître tous, mais j'ai l'espoir d'avoir appelé votre attention sur des êtres que vous avez constamment sous les yeux et parmi lesquels vous devez distinguer vos ennemis avec impartialité et vos amis avec reconnaissance.

FIN

LOURLOTON. — Imprimeries réunies, 3.

PARIS. — IMP. EMILE MARTINET.

9 782019 958466